이상한 나라에서 만난 아인슈타인

이상한 나라에서 만난 아인슈타인

앨리스와 떠나는 과학 여행

손영운 지음

이치 ichi SCIENCE

작 가 의 말 . . .

아인슈타인처럼 사람들에게 잘 알려진 과학자는 없습니다. '아인슈타인' 하면 '과학자' 가 떠오르고, '과학자' 하면 '아인슈타인' 을 떠올릴 정도입니다. 그가 얼마나 유명한지 우유 상품에도, 학습지에도 아인슈타인의 이름이 붙어 있습니다. 서점에 가도 아인슈타인을 제목으로 하는 책들이 아주 많습니다.

그러나 사람들에게 아인슈타인에 대해 조금 자세히 물으면 우물쭈물하며 대답을 잘 하지 못합니다. 물론 아인슈타인이 '상대성 이론' 을 만들었으며, 상대성 이론은 현대 과학의 기초가 된다고 말하는 똑똑한 사람들도 있긴 합니다. 하지만 그 사람에게 상대성 이론이 무어냐고 물으면 입을 다뭅니다.

이것은 서울대학교, KAIST, 포항공대 물리학과에 다니는 대학생들에게 물어도 마찬가지였습니다. 어떤 설문 조사에서, 아인슈타인의 특수 상대성 이론을 제대로 이해하고 있는 학생은 약 13%, 일반 상대성 이론을 잘 알고 있다고 한 학생은 2%에 불과했습니다. 그 이유는 무엇일까요?

아인슈타인이 연구하고 발표한 여러 이론들은 물리를 전공하지 않은 사람들이 이해하기에는 참 어렵습니다. 이유는 두 가지입니다. 첫째는, 아인슈타인의 과학은 우리의 실제 생활 속에서 경험하기 어려운 현상에 대한 설명이 대부분이고, 둘째는 어려운 수학을 사용하여 표현했기 때문입니다. 하지만 어렵다고 피할 수만은 없습니다. 왜냐하면 아인슈타인의 과학을 이해하지 않고는 현대 과학을 안다고 말할 수 없기 때문입니다.

《이상한 나라에서 만난 아인슈타인》은 이런 점을 누구보다도 잘 알고 쓴 책입니다. 영국의 동화 작가 루이스 캐럴이 자신의 딸을 생각하면서 《이상한 나라의 앨리스》라는 책을 쓴 것처럼, 이 책의 작가인 저 또한 13살짜리 딸에게 어떻게 하면 아인슈타인의 상대성 이론을 쉽게 알려 줄까 고심하면서 딸을 주인공 삼아 이 책을 썼기 때문입니다.

이 책의 주인공들은 《이상한 나라의 앨리스》에 등장하는 앨리스, 체셔 고양이, 꼬마 빌 등입니다. 그러나 이름과 모습만 비슷할 뿐 하는 행동과 생각은 전혀 다릅니다. 어떤 의미에서 이들은 '과학 특공대'라고 할 수 있습니다. 이제 친구들은 과학 특공대 대장인 앨리스를 따라 이상한 나라에 가서 아인슈타인을 만나게 될 것입니다. 그래서 빛처럼 빠르게 달리면 거리가 줄어들고, 시간이 늦어지고, 중력에 의해 빛이 휘어지는 까닭을 알게 될 것입니다.

책의 제목이 《이상한 나라에서 만난 아인슈타인》이라고 해서, 아인슈타인의 과학이 이상한 나라의 과학이라고 오해하지 않았으면 합니다. 왜냐하면 아인슈타인의 과학은 현재 자연과 우주에서 일어나는 현상을 설명하는 진짜 과학이고, 실제로 우리 생활 가까운 곳에서 응용되고 있기 때문입니다. 이것은 〈부록 1 – 생활 속에서 이용되고 있는 아인슈타인의 과학〉을 읽어 보면 잘 알 수 있습니다.

마지막으로 아인슈타인도 우리와 같이 평범한 사람이었습니다. 그도 공부하고, 연애하고, 결혼하고, 이혼하고, 병에 걸려 세상을 떠났습니다. 그러나 그가 위대한 것은 어릴 때부터 자연 현상에 의문이 많았고, 그 의문을 풀기 위해 끊임없이 생각하고 실험했으며, 남이 생각하지 않은 방법으로 답을 얻었기 때문입니다. 이 내용은 〈부록 2-아인슈타인과의 가상 인터뷰〉에 잘 나타나 있습니다.

《이상한 나라에서 만난 아인슈타인》을 읽고, 상대성 이론이 '아, 이런 거구나' 라는 깨달음이 있기를 바랍니다. 이 책이 나오기까지 도움을 준 도서출판 이치의 조승식 사장님과 이진경 님께 감사를 드립니다.

2005년 7월 손 영 운

차 례 . . .

프롤로그...

나는 아인슈타인이 외모나 성격이 특이한 과학자라고 생각한다. 그는 허연 머리를 잘 빗지 않아 머리카락이 늘 하늘로 치솟아 있었고, 웃을 때는 이상한 동물 소리를 내며 크게 웃어 다른 사람들을 무안하게 했다고 한다. 또 나이에 맞지 않게 혀를 낼름거리며 장난치는 모습을 자주 보이기도 했단다(옆 사진이 그 증거이다).

아인슈타인은 생각도 특이했다. 중학교에 다닐 무렵에는 '빛 위에 올라타고 세상을 보면 어떻게 될까?' 하는 엉뚱한 고민을 하느라고 숙제도 제대로 하지 않았다고 한다. 뿐만 아니라 대학 때는 강의에 집중하지 않고 늘 딴청만 부려서, 교수가 아인슈타인을 너무 싫어한 나머지 그를 '게으른 개' 라고까지 불렀다고 한다. 얼마나 말을 안 들었으면 점잖은 교수께서 그렇게까지 말했을까?

또 그가 연구한 상대성 이론도 정말 엉뚱하다고 할 수 있다. 상대성 이론은 "움직이는 물체는 길이가 줄어든다." "속도가 빨라지면 체중이 증가한다." "시간과 공간은 하나로 묶을 수 있다." "블랙홀에서는 빛도 나올 수 없다." 등등, 하나같이 상상하기 힘든 내용이다. 아마 이 책을 읽는 친구들은 "그게 말이나 돼?"라고 생각할 것이다.

나 또한 움직이는 물체의 길이가 줄어들고, 빨리 달린다고 해서 몸무게가 늘어날 수 있다고 생각하지 않았다. 또 시간은 시간이고, 공간은 공간인데, 이 둘을 함께 묶을 수 있다는 말도 믿지 않았다. 정말 말도 안 되는 소리라고 생각했다. 그래서 난 아인슈타인은 이상한 나라에서 온 사람이 분명하다고 생각했다.

참, 미안! 아직 내 소개를 안 했네. 나는 꿈 많은 소녀, 손지윤이다. 하지만 부모님이나 친구들은 나를 앨리스라고 부른다. 아빠가, 《이상한 나라의 앨리스》의 주인공 앨리스처럼 엉뚱한 말과 생뚱맞은 행동을 많이 한다고 해서 내게 붙여주신 별명이다. 아빠가 나를 앨리스라고 부르니까 엄마도 따라 불렀고, 언니도 따라 불렀고, 나중에는 친척들도, 친구들도 모두 따라 불렀다. 그래서 지금은 모두들 나를 앨리스라고 부른다.

지금부터 하는 이야기는 내가 어떻게 '이상한 나라의 아인슈타인'을 만나게 되고 그의 상대성 이론을 배우게 되었는가를 이야기한 것이다. 잘 들어보면 이상한 일, 재미있는 일, 신기한 일이 많을 것이다. 그리고 내가 경험한 일을 함께 나누다 보면, 어느새 아인슈타인의 상대성 이론이 어떤 것인지를 알게 될 것이다.

그럼 지금부터 이야기를 시작하겠다.

등 장 인 물 소 개 . . .

★ 앨리스 ★

매일 언니에게 구박을 받지만 씩씩하게 잘 살아가는 13세 소녀로, 원래 이름은 손지윤이다. 공부 외에는 뭐든지 잘 하는데, 특히 그림을 잘 그려 나중에 훌륭한 화가가 되는 것이 꿈이다. 어느 날 이상한 나라에서 온 책을 보다가 책 속으로 들어가 아인슈타인을 만나고 신비한 과학의 세계에 흠뻑 빠져든다.

★ 아인슈타인 ★

하트 여왕의 후원으로 이상한 나라의 수석 과학자가 된 아인슈타인. 하지만 변덕스러운 하트 여왕을 피해 도망 다니는 신세가 된다. 앨리스와 체셔 고양이 등과 함께 이상한 나라의 여러 곳을 여행하면서 상대성 이론을 알기 쉽게 가르쳐 준다. 하트 여왕의 빚을 갚기 위해 원자력 에너지 발생 장치를 개발하다가 큰 화를 입는다.

★ 체셔 고양이 ★

이상한 나라에서 만난 신비로운 능력을 가진 고양이. 앨리스를 끔찍이 생각하는 마음씨 좋은 고양이이다. 끝까지 앨리스를 따라 다니며 도움을 주는 친구이다. 파이를 만드는 솜씨가 매우 뛰어나다.

★ 꼬마 빌 ★

피부색이 초록색인 작은 도마뱀이다. 체셔 고양이의 절친한 친구로 나중에 앨리스의 친구가 된다. 블랙홀을 탐사할 때, 목숨을 걸고 체셔 고양이를 따라 간 의리파이며, 또한 아인슈타인이 하는 여러 실험에서 좋은 실험 모델이 된다.

★ 하얀토끼 ★

하트 여왕의 심부름꾼. 늘 "바쁘다 바빠!"를 외치며 다닌다. 앨리스를 이상한 나라로 데리고 온 장본인이다.

★ 물담배 피는 쐐기벌레 ★

나이가 얼마인지 모르지만 지독한 골초이다. 체셔 고양이 귀 뒤에서 낮잠을 즐기는 취미가 있다. 아라비안식 물담배를 즐겨 피웠으나 나중에 뉴턴의 사과 맛을 보고 담배를 끊는다. 아인슈타인이 블랙홀과 웜홀, 그리고 화이트홀을 설명할 때 중요한 역할을 한다.

★ 하트 여왕 ★

변덕이 죽 끓듯 하는 여자이다. 이상한 나라의 독재자로 자기 마음에 안 들면 누구에게든지 "목을 쳐라"라고 소리를 친다. 그러나 실제로 목을 자른 적은 한 번도 없다. 아인슈타인에게 많은 연구비를 주며 후원하지만, 아인슈타인을 별로 좋아하지는 않는다.

★ 뉴 턴 ★

아인슈타인이 매우 존경하는 과학자로 만유인력의 법칙을 완성했다. 그러나 만유인력의 법칙에 모순이 발견되어 제자인 에딩턴과 함께 그 이유를 찾던 중에 아인슈타인의 도움을 받는다. 실제로는 고집이 세고 매우 잘난 척하는 과학자로 알려졌으나, 이야기에서는 까마득한 후배 과학자인 아인슈타인으로부터 새로운 과학을 배우고, 아인슈타인을 존경하는 겸손한 마음씨를 가진 사람이다.

★ 앨리스의 가족★

아빠는 과학에 대한 많은 지식을 가지고 있어, 언제든 앨리스가 궁금해 하는 것을 알기 쉽게 알려 준다. 언니에게 구박을 당하는 앨리스의 든든한 버팀목이 되어 주는 자상한 아빠이다. 앨리스에게 엄마는 언니 편이고 잔소리꾼 같아 보이는데, 어떤 때는 또 아닌 것 같아 헷갈린다. 언니는 머리가 좋고 똑똑하여 공부를 잘한다. 그래서 늘 잘난 척을 하는데, 앨리스는 이런 언니가 못마땅하다. 그래도 맛있는 것이 생기면 꼭 하나는 동생을 위해 챙겨두는 속 깊은 언니이다.

앨리스, 이상한 나라로 가다

월요일 오후, 앨리스는 아파트 놀이터에 혼자 앉아 있었다. 보통 때 같으면 친구들과 수다를 떨거나 친구 집에 모여 인터넷 게임이라도 했을 텐데, 오늘은 다들 학원에 갔는지 누구 하나 보이지 않았다. 혹시나 하고 아파트 단지 한 바퀴를 돌고 놀이터까지 왔는데, 평소 앨리스 친구들 무리에 꼭 끼는 얌체 같은 지원이조차 보이지 않았다.

혼자 노는 것에 싫증이 난 앨리스는 털레털레 집으로 향했다. 혹시 누군가 불러주지 않을까 하는 마음에 한 발 한 발 걷는 폭을 줄여 걷고 있는데, 경비실 입구에서 경비 아저씨가 앨리스를 불렀다.

"앨리스! 여기 와 보렴. 네 앞으로 소포가 왔다."

'소포?' 앨리스는 반가운 마음에 소포를 받아 들었다. 이상하게도

소포에는 보낸 사람 이름도 없이 '401호 앨리스에게'라는 글만 적혀 있었다. 궁금한 마음에 앨리스는 집으로 돌아와 손도 씻지 않고 곧장 자기 방으로 들어갔다. '혹시 이상한 게 들어있는 건 아닐까? 아님, 누가 날 좋아해서 몰래 선물한 걸까?'

조심스럽게 소포를 열자, 그 안에는 달랑 책 한 권이 들어 있었다. 《이상한 나라의 아인슈타인》. 이만저만 실망스러운 것이 아니었다. 책이라니. 앨리스는 책을 별로 좋아하지 않는 데다, 특히 아인슈타인 같은 과학자 이름이 있는 책은 더욱 싫어했다.

'차라리 소포 안에 예쁜 인형이나 머리핀이 있었으면 얼마나 좋았을까.'

앨리스는 책을 침대 위에 휙 집어 던졌다. 그러고는 컴퓨터를 켜서 인터넷 게임을 시작했다.

게임에 빠져 있는데, 침대 위에서 부스럭, 부스럭 하는 소리가 들렸다. 귀를 의심한 앨리스는 침대 위에 있는 책을 유심히 쳐다보았다. 그런데 아니 이런! 책이 조금씩 움직이는 것이 아닌가! 그럴 리 없다고 생각한 앨리스는 책을 가지고 와서 조심스럽게 펼쳐 보았다. 첫 페이지에는 재미없는 글만 잔뜩 있었다. 책장을 한 장 한 장 넘기자, 다섯 번째 페이지에 분홍색 눈에 털이 하얀, 아주 귀여운 토끼 그림이 있었다.

"참 귀엽게 생겼네?"

"참 귀엽게 생겼네?"

책 속의 하얀 토끼가 갑자기 입을 오물거리며 앨리스의 말을 따라하였다. 토끼의 말에 앨리스는 하마터면 뒤로 자빠질 뻔했다.

'토끼 그림이 말을 하다니!'

그 순간, '호랑이 굴에 잡혀가도 정신만 차리면 살 수 있다.'라는 할머니 말씀이 생각이 나, 앨리스는 침착하게 토끼에게 말을 걸었다.

"넌 누구니?"

"나는 이상한 나라의 하얀 토끼야."

토끼는 자기 소개를 하며 갑자기 앞다리를 쑥 내밀더니, 앨리스의 손을 잡아당겼다. 앨리스는 어찌할 틈도 없이 "어~, 어~." 하다가 그만 하얀 토끼가 있는 책 속으로 끌려 들어가 버렸다. 그 후부터 앨리스는 하얀 토끼처럼 책 속의 그림이 되어버렸다. 만약 엄마가 보았다면, '책 속에 앨리스를 닮은 아이 그림이 있구나.' 하고 생각했을 것이다.

"어머나, 세상에! 너무 늦어버렸어. 빨리 가야겠어."

하얀 토끼는 양복 주머니에서 시계를 꺼내 시간을 들여다 보더니 서둘러 앞서 갔다. 앨리스는 영문을 모른 채 토끼를 따라갔다. 조끼 입은 토끼는 말할 것도 없고, 조끼 주머니에서 시계를 꺼내보는 토끼는 앨리스 눈에 너무 신기해 보였다. 앨리스는 호기심에 토끼 뒤를 졸졸 따라갔다. 하지만 토끼는 워낙 빨라서, 따라잡으려 치면 어느새 휭 하니 저만치 앞서가 버렸다.

토끼는 들판을 가로질러 산울타리 밑에 있는 커다란 토끼굴 속으로 황급히 들어갔다. 앨리스는 무턱대고 토끼를 따라 굴속으로 들어갔다.

동굴은 얼마 동안 터널처럼 쭉 뻗어 있었다. 터널이 길어지자 앨리스는 그제서야 겁이 나기 시작했다. 굴속은 눈을 뜨나 감으나 캄캄하기 마찬가지였다. 앨리스는 무언가에 걸려 넘어질까 봐 조심스레 한 발씩 내딛었는데, 갑자기 땅이 없어져버린 느낌이 들더니 몸이 끝도 없는 낭떠러지 아래로 떨어져버렸다. 그러고는 어느 순간 아무런 아픔도 없이 풀썩 하고 땅에 떨어졌다. 어찌나 먼지가 많이 일던지 앞도 보이지 않고 콜록콜록 기침만 계속 나왔다. 앨리스가 정신을 차리고 보니 떨어진 곳은 어떤 집의 벽난로 안 잿더미 위였다.

옷에 묻은 재를 대충 털고 벽난로 밖으로 나오자 큰 거실이 있었다. 거실 가운데에는 소파가 있었고, 소파에는 하얀 머리카락이 곱슬곱슬한 사람이 뭔가를 골똘히 생각하며 앉아 있었다.

"안녕하세요? 여기는 어디죠?"

"……"

앨리스의 목소리를 못 들었는지 그 사람은 대답도 없이 골똘히 생각

만 했다. 앨리스는 한 번 더 큰 소리로 물었다.

"안녕하세요? 저는 앨리스라고 해요! 여기가 어디지요?"

그제서야 그 사람은 앨리스를 바라보았고, 앨리스와 눈이 마주치자 깜짝 놀라며 물었다.

"넌 누구니?"

"전 앨리스예요. 아저씨는 누구세요?"

"나는 아인슈타인이야."

이렇게 해서 앨리스는 "이상한 나라의 아인슈타인"을 만나게 되었다.

이상한 나라의 첫 번째 이야기

이 세상에서 가장 빠른 것은 빛이다

이 세상에서 가장 빠른 것은 빛이다

현관에서 "똑똑" 노크하는 소리가 들렸다. 아인슈타인은 문 앞으로 가 쭈그려 앉더니, 현관문 아래에 달린 작은 문을 열었다. 그 문은 강아지들이 드나드는 문이었는데, 아인슈타인이 그 문을 열어주자 하얀 토끼가 그 문으로 쏙 들어와서는 숨을 헐떡이며 말했다.

"바쁘다, 바빠. 아인슈타인 아저씨 늦었어요. 약속 시간에 맞추어 가려면 빨리 가셔야 하겠어요."

"무슨 약속?"

"또 잊으셨군요. 오늘은 코커스* 경주가 있

*코커스(caucus)는 정치적인 단어로, 정당원들의 모임을 말하는데, 원래 《이상한 나라 앨리스》에서는 허망한 정치를 풍자하는 단어로 사용된다. 그저 빙빙 도는 것이 '코커스 경기'의 전부이다.

는 날이잖아요. 아저씨가 심판관이라고 어제 말했잖아요? 하트 여왕이 벌써 와서 기다리고 있어요."

하얀 토끼는 분홍 눈이 빨개져라 이야기하며 재촉했다.

"맞아. 큰일이군. 하트 여왕이 먼저 와 있다면 난리가 날 텐데."

아인슈타인은 허둥대며 하얀 토끼를 따라나섰다. 앨리스도 무슨 일인가 하여 그들을 따라 갔다.

하얀 토끼, 아인슈타인 그리고 앨리스가 도착한 곳은 넓은 정원이었다. 그곳에는 카드 정원사와 공작부인이 있었고, 창을 든 카드 병사들도 여럿 있었다. 그들의 몸은 모두 직사각형 모양으로 납작했는데, 네 귀퉁이에 팔다리가 달려 있었다. 잠시 후 하트 잭이 진홍색 벨벳 쿠션 위에 놓인 왕관을 들고 나왔다. 그 뒤를 따라 하트 여왕의 화려한 행렬이 나타났다.

하트 여왕을 보자 하얀 토끼가 소리쳤다.

"자, 오늘 코커스 경주에 참가하는 선수들은 모두 앞으로 나오세요."

그랬더니 생쥐, 도도새, 나이 어린 독수리, 고슴도치, 애벌레, 빨간 앵무새 등이 선수로 나왔다. 그때 앨리스를 본 하트 여왕이 성난 목소리로 말했다.

"거기 엉뚱하게 생긴 여자 애! 넌 누구냐?"

하트 여왕의 화난 목소리에 깜짝 놀란 앨리스는 머뭇거리며 대답을 하지 못했다. 그러자 옆에 있던 아인슈타인이 옆구리를 쿡쿡 찌르며 말했다.

"목이 떨어지지 않으려면 빨리 대답하는 것이 좋을 거야."

앨리스는 목이 떨어진다는 말에 더욱 놀라 기어 들어가는 목소리로 대답했다.

“앨리스라고 합니다, 전하.”

그러자 앨리스를 신기한 듯 쳐다보던 하트 여왕이 앨리스도 경주에 참가할 것을 명령하였다. 얼떨결에 앨리스도 코커스 경주의 선수로 나서게 되었다.

하트 여왕이 손을 드는 것을 신호로 하여 경주는 시작되었다. 선수들은 앞을 다투어 뛰어 나갔고, 생쥐, 도도새, 어린 독수리, 고슴도치, 애벌레, 빨간 앵무새, 앨리스 순서로 뛰기 시작했다. 처음에는 생쥐가 제일 빨랐지만 조금 있다가 도도새가 생쥐를 따라잡았다. 하지만 시간이 지나자 누가 1등인지 알 수가 없었다. 왜냐하면 코커스 경주는 원을 그리며 뱅글뱅글 도는 경기였기 때문에 일등이 꼴등을 따라잡으면 등수

를 알 수가 없었다. 덕분에 심판인 아인슈타인은 할 일이 없어 빈둥빈둥 놀기만 했다.

1등과 꼴찌를 가리지 못하고 경주가 계속 진행되자 하트 여왕은 화가 났다.

"경기를 그만두어라! 도대체 누가 1등이란 말이냐."

경주가 멈추자 하트 여왕은 카드 병사를 데리고 아인슈타인 앞으로 갔다. 아인슈타인은 하트 여왕이 병사들을 데리고 오자, 얼굴이 노랗게 되었다. 왜냐하면 하트 여왕은 자신의 연구를 도와주는 후원자이기도 했지만, 워낙 변덕쟁이라서 언제 목이 달아날지 모르기 때문이었다.

"오늘 경주가 엉망이 된 것은 아인슈타인 너 때문이다. 병사들! 아인슈타인의 목을 쳐라!"

아인슈타인의 예상대로 하트 여왕은 목을 쳐라고 말했다. 하지만 머리가 좋은 아인슈타인은 목숨을 건지기 위해 재빨리 새로운 제안을 했다.

"여왕님, 코커스 경주 대신에 수수께끼 놀이를 하는 것이 좋을 듯합니다. 수수께끼 놀이를 해보고 재미가 없으면 제 목을 치시지요."

수수께끼 놀이는 하트 여왕이 가장 좋아하는 놀이 중 하나였고, 아인슈타인은 이것을 이미 알고 있었다.

"그러면……, 그렇게 해 볼까? 난 인자한 여왕이다. 아인슈타인의 소원을 한 가지 들어주고 만약 재미가 없으면 그의 목을 치겠다. 그럼, 지금부터 수수께끼 놀이를 시작하겠다. 아인슈타인, 어서 시작하도록 하라."

아인슈타인은 "휴~" 하고 한숨을 내쉰 뒤, 선수들에게 수수께끼 놀이의 규칙을 설명했다. 수수께끼 놀이는 선수들 각자가 돌아가면서 자신이 알고 있는 수수께끼 문제를 내고, 다른 선수들이 답을 맞히는 놀이였다. 나중에 가장 적게 맞힌 선수는 벌을 받게 되는데, 벌은 하트 여왕의 기분에 따라 달라졌다. 여왕이 기분 좋은 날은 정원 한 바퀴만 돌면 되는데, 기분 나쁜 날은 목이 달아날 수도 있었다.

심판인 아인슈타인이 먼저 어린 독수리에게 문제를 내도록 했다. 어린 독수리는 짧은 날갯짓을 한 후 문제를 내었다.

"태어나서 평생 동안 한 번도 머리를 깎은 적이 없는 것은?"

"그건 붓이야."

생쥐가 재빨리 답을 맞혔다. 그리고 문제를 내었다.

"거지는 거지인데, 깨끗한 거지는?"

"설거지."

이번에는 도도새가 답을 맞혔고, 이어서 문제를 내었다.

"머리로 들어가서 입으로 내뱉는 것은 무엇일까요?"

이번에는 문제가 좀 어려웠는지 아무도 대답을 하지 못했다. 잠시 침묵이 흐른 뒤 고슴도치가 자신 없는 목소리로 대답했다.

"주전자가 아닐까……?"

다행히 답이 맞았다. 고슴도치가 기어 들어가는 목소리로 더듬거리며 문제를 내었다.

"집은 집인데 제일 더러운 집은?"

문제는 점점 더 어려워졌다. 고슴도치가 낸 문제를 맞히는 데도 역시

시간이 많이 걸렸고, 다행히 앨리스가 그 답을 맞혔다.

"아, 그건 똥집이지. 그럼, 내가 문제를 낼게. 이 세상에서 제일 빠른 것은?"

앨리스는 자신이 가장 쉽다고 생각한 문제를 내었다. 그런데 문제를 낸 후 이내 후회하게 되었다. 아무도 대답을 하지 않고 앨리스를 향해 원망 가득한 눈빛을 보냈기 때문이다. 대답이 없는 상태로 시간이 자꾸 흐르자, 성질 급한 하트 여왕의 얼굴이 점점 일그러졌다. 선수들은 혹시나 하트 여왕이 '목을 쳐라!' 라고 소리칠까 봐 생각나는 대로 답을 하기 시작했다.

"눈 깜빡할 새."

빨간 앵무새가 대답했다.

"땡, 틀렸어."

"손오공."

애벌레는 근두운을 타고 아주 빠르게 날아가는 손오공을 생각하며 답했다.

"어쩌지? 땡, 틀렸어."

계속 답이 틀리자 선수들은 화난 하트 여왕의 눈치를 살피며 빨리 답을 찾으려고 애썼다. 그때 어린 독수리가 뭔가 생각이 난 듯 자신 있게 대답했다.

"빛!"

"빙고! 맞아, 답은 빛이었어!"

앨리스는 답을 말한 어린 독수리가 고마웠다. 그런데 하트 여왕이 날카로운 목소리로 크게 외쳤다.

"아니야. 빛보다 더 빠른 것이 있을 거야."

느닷없는 하트 여왕의 말에 앨리스는 당황했다. 왜냐하면 자신이 알고 있는 답은 '빛'이 분명했기 때문이다. 그런데 하트 여왕이 아니라고 하니까 이것을 어떻게 설명해야 하나 난감했다. 만약에 답이 빛이 아니라면 선수들은 끝까지 답을 찾기 위해 애를 써야 할 것이고, 결국 답을 찾지 못하면 모두의 목이 무사할지 확신할 수 없었기 때문이다. 하지만 답이 빛이라고 하더라도 하트 여왕의 아니라는 생각을 바꿀 수 없으면 또 곤란한 일이 생길 것이 분명했다.

그때 심판인 아인슈타인이 흰머리를 휘날리며 앞으로 나와 말했다.

"하트 여왕님, 이 세상에서 가장 빠른 것은 빛입니다. 어린 독수리의 대답이 옳습니다."

"어떻게 빛이 이 세상에서 가장 빠르냐? 무한대의 속도를 가진 것이

분명히 있을 것이다."

그러자 아인슈타인이 설명을 했다.

"여왕 전하, 그리고 선수 여러분! 제 말을 들어보세요. 제가 연구한 것에 따르면 세상에서 가장 빠른 것은 있을 수 있지만, 무한대의 속도를 가진 것은 존재할 수 없습니다."

"가장 빠른 것은 있고, 무한대의 속도를 가진 것은 없다고 하는 것은 너무 불공평한 일이야!"

하트 여왕이 아인슈타인의 말에 끼어들었다. 그러나 아인슈타인은 여왕의 말에 상관하지 않고 계속 설명을 했다.

"빠르다는 말은 속도를 의미하는 말인데, 속도는 이동한 거리를 시간으로 나눈 값입니다. 아까 코커스 경주를 할 때, 생쥐가 100m 되는 거리를 10초 동안에 뛰는 것을 보았는데, 이때 생쥐의 속도는 '100m ÷10초 =10m/초' 입니다. 고슴도치는 100m를 20초 동안에 뛰었으니 '100m ÷ 20초 = 5m/초' 이지요. 그러니까 생쥐의 속도가 고슴도치의 속도보다 2배 빠른 것입니다."

속도 = 이동한 거리 ÷ 시간

코커스 경주에서 생쥐와 고슴도치의 속도
생쥐 100m ÷ 10초 = 10m/초
고슴도치 100m ÷ 20초 = 5m/초
∴ 생쥐는 고슴도치의 속도보다 2배 빠르다.

생쥐와 고슴도치는 자기 이름이 나오자 부끄러운 듯 얼굴을 발그레

붉혔고, 나머지 선수들은 아인슈타인의 설명을 알아들은 듯 고개를 끄덕였다. 그러나 성질 급한 하트 여왕은 쓸데없는 말은 그만하고 빨리 본론을 말하라며 소리쳤다.

"그러니까 속도란, 이동한 거리가 있어야 하고, 또 걸린 시간이 있어야 하는 것입니다. 따라서 무한대의 빠르기라는 것이 존재할 수 없는 거예요. 왜냐하면 무한대의 빠르기가 존재하기 위해서는 거리가 무한대가 되거나 아니면 시간이 0이 되어야 하기 때문이죠.

무한대의 속도가 존재할 수 있는 가능성

1. 무한대 거리 ÷ 시간 = 무한대 속도
2. 거리 ÷ 0 = 무한대 속도

그런데 문제는 우주에는 무한대 거리라는 것이 존재하지 않고, 또 시간은 0이 될 수 없다는 사실입니다. 무한대의 거리가 존재할 수 없는 것은 우리가 살고 있는 우주의 크기가 아주 크기는 하지만 무한하게 큰 것은 아니기 때문이고, 또 시간이 0이라는 것은 시간이 정지해 있다는 말인데, 시간은 정지하지 않고 언제나 흐르고 있기 때문이죠. 그러니까 무한대의 빠르기를 가진 것은 존재할 수 없습니다. 자연의 순리에 맞지 않는 말이지요. 하지만 세상에서 가장 빠른 것이 존재할 수는 있습니다. 그것은 바로 빛이지요."

정원에 모여 있던 코커스 선수들, 즉 생쥐, 도도새, 어린 독수리, 고슴도치, 애벌레, 빨간 앵무새, 그리고 앨리스는 아인슈타인의 설명에

감탄했다. 이 세상에서 가장 빠른 것은 있을 수 있지만 무한대의 빠르기를 가진 것은 없다는 사실을 아인슈타인의 설명을 듣고 처음으로 알았기 때문이다. 카드 병사들도 코커스 선수들과 함께 아인슈타인의 설명을 이해했지만, 하트 여왕의 눈치를 살피느라 함부로 고개를 끄덕이지 못했다.

한참 후 얼굴이 붉어진 하트 여왕이 "흥!" 하고 등을 돌리고 정원을 빠져나갔다. 하트 여왕이 아무 말을 하지 않았다는 것은 결국 자신의 생각이 틀렸다는 것을 인정하는 행동이었다.

"그러니까 거리의 변화가 무한대에 이를 수 없고, 시간이 정지해 있다는 생각은 자연의 이치에 따르면 모순이라는 거죠? 그래서 무한대의 속도란 존재할 수 없고, 따라서 가장 빠른 속도를 가진 어떤 것이 존재하게 된다는 말이지요?"

"그래 맞아. 세상에서 가장 빠른 것, 즉 이 우주에서 가장 빠른 것은 반드시 존재해야 하는데, 그것이 바로 빛이라는 거야. 빛보다 빠른 것은 없어."

과학이라면 언제나 도망가기에 바빴던 앨리스는 아인슈타인 덕에 아주 중요한 과학적 사실을 깨달았다. '이 세상에서 가장 빠른 것은 존재할 수 있지만 무한대의 빠르기를 가진 것은 존재할 수 없다.'

앨리스는 과학이 어려운 것인 줄로만 알았는데, 아인슈타인의 설명을 들으니 아주 어려운 것만은 아니라는 생각이 들었다.

잠깐, 뉴턴은 어떻게 생각했을까요?

만유인력을 발견한 뉴턴도 "만유인력이 작용하는 데 걸리는 시간은 전혀 없다."라고 가정하고 무한의 속도를 가진 어떤 것이 존재한다고 말했다. 그러나 뉴턴의 "무한의 속도" 개념은 얼마가지 않아 잘못된 이론으로 판명되었다. 뉴턴과 같은 위대한 과학자도 틀린 이론을 내놓기도 한 것이다.

이상한 나라의 두 번째 이야기

체셔 고양이를 따라

빛의 나라로 가다

체셔 고양이를 따라 빛의 나라로 가다

코커스 경주는 엉망이 되었지만 수수께끼 놀이로 위기를 모면한 아인슈타인은 얼른 앨리스를 데리고 정원을 빠져나왔다. 변덕쟁이 하트 여왕이 언제 다시 와서 자신의 목을 자르라며 엉뚱한 횡포를 부릴지 몰랐기 때문이다.

집으로 돌아온 아인슈타인은 하루빨리 하트 여왕이 지배하는 곳을 떠나고 싶은 마음에 서둘러 여행 가방을 챙기기 시작했다. 특별히 쌀 짐이 없었던 앨리스는 아인슈타인의 거실을 이리저리 어슬렁거렸다. 그때, 어디서 나타났는지 발 앞에 떡 하니 서 있는 고양이 때문에 앨리스는 깜짝 놀라고 말았다.

고양이는 앨리스를 보고 씨익 웃기만 했다. 순해 보이긴 했지만 발톱

이 매우 길고 이빨도 아주 많아서 섣불리 대할 상대가 아닌 듯했다. 하지만 평소 고양이를 좋아했던 앨리스는 몸을 낮춰 말을 걸었다.

"안녕? 네 이름은 뭐니?"

"내 이름은 체셔야. 보아하니 넌 착한 아이 같구나. 특별히 나를 체셔 고양이라고 부르도록 허락해줄게."

좀 잘난 척하는 고양이 같았지만, 귀여운 구석이 있었다. 그때 여행 가방을 다 싼 아인슈타인이 집을 나섰다. 아인슈타인이 집을 나서자 체셔 고양이는 재빨리 아인슈타인의 앞으로 뛰어나갔다. 아인슈타인은 아무 말 없이 체셔 고양이의 뒤만 따라갔다. 앨리스는 아인슈타인이 체셔 고양이 뒤를 졸졸 따라가는 것이 궁금하여 물었다.

"아인슈타인 아저씨, 왜 체셔 고양이 뒤만 따라가세요?"

"으응, 체셔 고양이는 빛의 나라로 가는 길잡이거든. 지금 우리는 혹시 있을지 모를 하트 여왕의 횡포를 피해 빛의 나라로 가는 길이야. 그곳에서 일주일 정도 있을 거야. 하트 여왕은 자기 마음대로 무엇이든 하는 무서운 사람이지만, 일주일만 지나면 모든 일을 잊어버리지."

앨리스가 본 체셔 고양이는 이상했다. 아인슈타인의 앞에서 폴짝폴짝 뛰어가다가도 투명 고양이처럼 금방 보이지 않다가 잠시 후 엉뚱한 곳에서 불쑥 나타나곤 했다. 어느새 나무 위로 올라가 있는가 하면 금세 앨리스 뒤에서 나타나기도 했다. 도대체 체셔 고양이는 어디에 있는지 종잡을 수 없었다.

"앨리스, 체셔 고양이는 중력의 영향도 받지 않고, 시간과 공간을 마음대로 왔다갔다하는 이상한 능력을 가지고 있어. 정말 수수께끼 같은

동물이야. 이것은 아마 체셔 고양이가 빛의 나라에서 왔기 때문일 거야. 나도 아직 그 이상은 알지 못해. 그러니까 체셔 고양이가 이상한 행동을 하더라도 너무 놀라지는 마."

앨리스는 '별 이상한 고양이도 다 있다.'라고 생각하며 아인슈타인의 뒤를 따라갔다. 체셔 고양이는 계속해서 이상한 행동을 보였고, 가끔 앨리스 앞에 나타나 히죽히죽 웃기도 했다. 보통 여자애들 같았으면 놀래 자빠졌겠지만, 앨리스는 체셔 고양이의 그런 행동에 금방 익숙해졌다.

앨리스와 아인슈타인은 체셔 고양이를 따라 강을 건너고 넓은 들판을 지났다. 들판에는 여러 갈래의 길이 있었는데, 체셔 고양이는 노란 벽돌이 깔린 길을 따라 갔다. 노란 벽돌 길은 발걸음을 뗄 때마다 실로

폰을 연주하듯 여러 가지 음을 내었다. 앨리스는 길을 걸으며 ‘깊은 산 속 옹달샘 누가 와서 먹나요?’를 멋지게 연주했다. 체셔 고양이는 그런 앨리스를 보고 덩달아 흥이 났는지 입을 더 크게 벌려 히죽거렸다.

앨리스는 길 주위의 아름다운 풍경에 감탄했다. 눈부신 태양빛에 풀잎들은 보석같이 반짝였고, 새들은 아름다운 목소리로 지저귀었다. 모두들 봄나들이 나온 기분이었다.

그때 노란 벽돌 길 가운데로 초록색 작은 도마뱀이 나타났다. 체셔 고양이는 초록색 도마뱀을 보고 반갑게 인사를 했다.

“안녕? 꼬마 빌!”

“안녕? 체셔 고양이!”

앨리스를 힐끔 쳐다본 초록색 도마뱀은 앨리스에게도 인사를 했다.

“안녕, 앨리스! 이번에는 너 때문에 고생 안 했으면 좋겠어.”

앨리스는 난데없는 초록색 도마뱀의 인사에 깜짝 놀랐다. 처음 본 도마뱀이 자신의 이름을 부르며 ‘너 때문에 고생을 안 했으면 좋겠다.’고 하니 어리둥절할 수밖에 없었다. 그러나 꼬마 빌의 말은 사실이었다. 왜냐하면 《이상한 나라의 앨리스》에서 꼬마 빌은 앨리스 때문에 시커먼 굴뚝 속을 지나다니는 고생을 했기 때문이다. 그러나 책 읽기를 싫어했던 앨리스는 그 책을 읽지 않았으므로 꼬마 빌이 무슨 이야기를 하는지 몰랐다. 그렇지만 모른 척 그냥 인사를 했다.

“안녕, 꼬마 도마뱀아!”

인사를 한 후 꼬마 빌도 여행에 동참하기로 했고, 모두들 다시 가던 길을 재촉했다. 체셔 고양이와 꼬마 빌은 서로 앞다리를 잡고 앞뒤로 흔들며 사이좋게 나란히 걸었다. 그 뒤를 따라 앨리스와 아인슈타인이 걸었다.

노란 벽돌 길이 끝날 무렵, 서울보다 큰 도시가 눈앞에 나타났다. 도시의 건물은 모두 파란색이었고, 도로는 모두 흰색이었다. 도시 전체가 파란 하늘 같았고, 도로는 구름 같았다. 도시로 들어가는 입구에는 빨간색 전철역이 있었다. 체셔 고양이는 전철역 계단으로 내려가면서 고개를 돌려 히죽 웃으며 말했다.

"다 왔어요. 빛의 나라로 가려면 여기에서 먼저 전철을 타야 해요."

계단을 내려간 전철역에는 아주 긴 수평 에스컬레이터가 있었다. 이 에스컬레이터는 위아래 층으로 움직이는 에스컬레이터가 아니고 앞뒤로 움직이는 수평 에스컬레이터였다. 에스컬레이터를 타는 입구에는 '빛의 성질을 배울 수 있는 에스컬레이터'라는 긴 이름이 붙어 있었다. 체셔 고양이는 에스컬레이터 앞에 서더니, 앨리스에게 말했다.

"앨리스! 빛의 나라로 가기 위해서는 빛의 성질을 알아야 해. 빛의 첫 번째 성질은 이미 배웠어. 하트 여왕의 정원에서 아인슈타인 아저씨가 설명했는데, 그것은 '빛은 우주에서 가장 빠르다.'이지. 이번에는 두 번째 성질을 배울 차례야."

"빛의 두 번째 성질이라니?"

앨리스가 물었다.

"지금부터 아인슈타인 아저씨가 가르쳐 줄 거야."

그러자 아인슈타인이 흰머리를 뒤로 넘기며 말했다.

"앨리스, 빛이 가지고 있는 두 번째 성질은 '빛의 속도는 변하지 않는다.'란다. 빛의 속도가 변하지 않는 이유를 알기 위해서 지금부터 몇 가지 간단한 실험을 해야겠는데, 앨리스와 꼬마 빌이 실험 모델이 되어 주었으면 좋겠어."

모델이 된다는 말에 신이 난 앨리스와 꼬마 빌은 앞 다투어 아인슈타인이 시키는 대로 했다. 다음은 앨리스와 꼬마 빌이 한 실험이다.

실험 1 꼬마 빌이 한 실험

1. 꼬마 빌이 수평 에스컬레이터 위에 가만히 서 있다.
2. 앨리스는 가만히 서 있는 꼬마 빌이 에스컬레이터 이쪽 끝에서 저쪽 끝으로 이동하는 데 걸리는 시간을 잰다. 시간은 1분 40초(=100초)가 나왔다.
3. 앨리스가 에스컬레이터의 길이를 쟀다. 길이는 200m였다.

실험 2 앨리스가 한 실험

1. 앨리스가 수평 에스컬레이터 위에서 빠르게 걷는다.
2. 꼬마 빌은 앨리스가 에스컬레이터 이쪽 끝에서 저쪽 끝으로 가는 데 걸리는 시간을 잰다. 시간은 50초가 나왔다.
3. 에스컬레이터의 길이는 200m였다.

"좋았어. 모두들 이리 와 봐."

아인슈타인은 앨리스, 체셔 고양이, 꼬마 빌을 한곳으로 불러 모았다. 그리고 노트와 연필을 꺼내 들고 다음과 같은 설명을 하였다.

"지금부터 꼬마 빌의 이동 속도를 계산하려고 해. 수평 에스컬레이터의 길이는 200m야. 그러면 꼬마 빌이 가만히 서서 수평 에스컬레이터를 타고 이동했을 때의 속도는 얼마가 될까? 앨리스가 대답해 볼래?"

앨리스는 머뭇거렸다. 속도를 구하는 법을 학교에서 배운 적은 있지만 기억이 나지 않았다. 그러자 아인슈타인이 말했다.

"속도 계산은 학교에서 배웠지? 그런데 기억이 안 나는구나? '속도 = 이동 거리 ÷ 걸린 시간'이야. 그러니까 꼬마 빌의 이동 속도는 '200m ÷ 100초 = 2m/s'라는 계산이 나와. 그런데 여기서 2m/s라는 속도는 꼬마 빌의 속도가 아니고 에스컬레이터의 이동 속도야. 실제로 꼬마 빌은 가만히 서 있었기 때문에 속도는 0m/s지. 그렇지만 우리가 볼 때 꼬마 빌의 속도는 '에스컬레이터 속도 + 꼬마 빌의 이동 속도 = 2m/s + 0m/s = 2m/s'라고 할 수 있어."

앨리스는 고개를 끄떡였다. 아인슈타인은 계속 설명을 했다.

"그러면 이번에는 앨리스가 빨리 걸어갔을 때의 속도를 구해볼까? 앨리스가 다시 해볼래?"

"에스컬레이터의 길이가 200m이고, 제가 끝까지 가는 데 걸리는 시간이 50초였으니까 '200m ÷ 50s = 4m/s'라는 계산이 나와요."

속도 단위 m/s

s=초를 나타낸다. m/s는 1초에 1m를 간다는 뜻을 가진 속도의 단위이다.

"맞았어. 그런데 그것은 순수하게 앨리스의 속도가 아니야. 왜냐하면 움직이는 에스컬레이터 위에서 앨리스가 걸었기 때문이지. 앨리스의 속도와 에스컬레이터의 속도가 더해진 값이라고 할 수 있어."

"그러면 앨리스의 속도는 얼마예요?"

꼬마 빌이 물었다.

"간단해. 앞에서 에스컬레이터의 이동 속도를 구했을 때 2m/s라는 값을 계산했어. 그러니까 4m/s에서 2m/s을 빼면 앨리스의 속도를 알 수 있어. 앨리스의 속도는 4m/s − 2m/s = 2m/s이야. 정리를 하면, 두 번째 실험에서 나온 속도는 에스컬레이터의 속도 2m/s에 앨리스가 빨리 걸었을 때의 속도 2m/s을 더한 값이야."

아인슈타인은 앨리스가 생각할 여유를 잠시 준 후에 다시 말했다.

"오늘 우리가 한 실험의 결론은 '속도는 더할 수 있다.'라는 거야. 이것은 갈릴레이라고 하는 유명한 과학자가 밝혀낸 운동의 성질이지."

'속도는 더할 수 있다.'라는 운동의 성질을 배우게 된 앨리스는 기분이 좋았다. 학교에서 배울 때는 머리에 잘 들어오지 않았는데, 이렇게 실제로 실험을 해보니까 금방 이해가 되었다.

앨리스가 기분이 좋아 얼굴에 미소를 띠자, 아인슈타인이 다시 물었다.

"그러면 빛의 속도도 더할 수 있을까?"

"그럼요. 빛의 속도도 더할 수 있어요."

앨리스는 자신 있게 대답했다. 그러나 체셔 고양이가 큰 입을 헤 벌리며 웃는 것을 보자 괜시리 불안해졌다.

"자, 그러면 세 번째 실험을 해 보자. 빛의 속도도 더할 수 있는지 알아봐야지."

아인슈타인은 이렇게 말하면서 앨리스에게 조그만 손전등을 주었다. 그리고 다음과 같은 실험을 하였다.

실험 3 앨리스가 손전등을 들고 한 실험

1. 손전등을 켠다.
2. 앨리스가 손전등을 들고 수평 에스컬레이터 위를 조금 전과 같은 속도로 걷는다.
3. 꼬마 빌은 앨리스가 에스컬레이터 이쪽 끝에서 저쪽 끝으로 가는 데 걸리는 시간을 잰다. 시간은 50초가 나왔다.
4. 에스컬레이터의 길이는 200m이다.

"자 그러면 내가 문제를 낼게, 앨리스가 답을 생각해 봐. 앨리스가 들고 있었던 손전등에서 나온 빛의 속도는 얼마일까?"

아인슈타인이 말했다.

앨리스는 계속 자신에게만 질문하는 것이 못마땅하였지만, 이번에 답을 맞히면 자신이 똑똑하다는 것을 증명할 수 있는 기회가 된다는 생각에 머릿속으로 이리저리 계산을 해보았다. 그런데 이번 문제는 그리 간단하지 않았다. 그러자 아인슈타인이 말했다.

"앨리스가 빛의 속도를 몰라서 대답을 하지 못하는구나. 빛의 속도는 300,000,000m/s야. 즉, 빛은 1초에 3억 m를 이동하지. 이 속도면 빛은 1초에 지구를 7바퀴 반을 돌 수가 있어. 어마어마하게 빠른 속도지.

자, 그러면 계산해볼까? 두 번째 실험에서 앨리스의 속도는 2m/s, 에스컬레이터의 속도는 2m/s라고 했지. 그리고 손전등에서 나온 빛의 속도는 3억 m/s라 했고. 그러면 이 속도를 모두 더한다면 3억 4m/s라는 계산이 나오지. 어때, 이 속도가 맞는 걸까?"

"네."

앨리스는 작은 목소리로 대답했다. 왜냐하면 앞에서 갈릴레이의 운동 법칙에 따르면 속도는 더할 수 있다는 말을 들었지만, 답도 너무 큰 숫자이고, 체셔 고양이도 기분 나쁜 미소를 지어서 확신이 없어졌기 때문이다. 예상대로 아인슈타인은 틀렸다고 했다.

"아니, 뭐가 틀린 거예요?"

자존심이 상한 앨리스가 뾰로통해서 물었다.

"빛의 속도는 변하지 않아. 그러니까 3억 4m/s가 아니라, 여전히 빛의 속도인 3억 m/s야. 앨리스가 아니라 슈퍼맨이 뛰었다고 해도 손전등에서 나온 빛의 속도는 3억m/s로, 변하질 않아. 내가 빛의 성질에 대해 오랫동안 연구했는데 '빛의 속도는 절대로 변하지 않는다.'라는 결론을 얻었어. 이것은 '빛은 이

빛의 성질

1. 빛은 우주에서 가장 빠르다.
2. 빛의 속도는 변하지 않는다.

우주에서 가장 빠르다.'라는 것과 함께 대단히 중요한 빛의 성질이야. 앞으로 우리가 갈 빛의 나라에서는 이 두 가지 성질을 알지 못하면 큰 코 다칠 거야. 그러니까 이 두 성질을 꼭 기억해야 돼."

그렇지만 앨리스는 이해가 되질 않았다. 갈릴레이는 속도는 더할 수 있다고 했는데, 아인슈타인은 그렇지 않다고 하니 누구의 말을 믿어야 할지 몰랐다. 그래서 곰곰이 생각한 후에 물었다.

"아인슈타인 아저씨! 그러면 이렇게 생각해봐요. 지금 빛의 속도로 아주 빠르게 움직이는 에스컬레이터가 있다고 해요. 그 위에서 제가 손전등을 켰다고 하면 어떻게 되나요? 에스컬레이터의 속도에 손전등에서 나오는 빛의 속도를 더해야 하지 않나요? 그러니까 에스컬레이터의 속도 3억 m/s에 손전등에서 나오는 빛의 속도 3억 m/s를 더해서 6억 m/s라는 속도가 되어야 할 것 같은데요. 분명히 앞의 실험에서 아저씨도 속도는 더할 수 있다고 하셨잖아요."

하지만 아인슈타인은 단호하게 말했다.

"아니야. 절대로 그렇지 않아. 빛의 속도는 절대로 변하지 않는 것이란다."

앨리스도 지지 않고 말했다.

"그러면 왜 그런지 설명해 주셔야죠."

그러자 아인슈타인이 싱긋 웃으며 말했다.

"이미 알려주었는데?"

앨리스는 불만이 가득한 말투로 대꾸했다.

"언제 알려주었어요? 난 들은 적이 없는데."

"하트 여왕의 정원에서 수수께끼 놀이를 한 것을 기억해 봐. 그때 내가 이 세상에서 제일 빠른 것은 빛이라고 했잖아. 그리고 하트 여왕이 무한대의 속도를 가진 것이 있다고 했을 때, 그럴 수 없다며 말한 내용을 잘 생각해 봐."

아인슈타인은 앨리스에게 차근차근 설명했다. 하지만 여전히 앨리스는 아인슈타인의 말을 이해할 수 없었다. 아인슈타인은 다시 설명을 하였다.

"만약에 갈릴레이의 생각대로 한다면, 무한대의 속도가 존재하게 되는 거야. 그러니까 빛의 속도로 움직이는 에스컬레이터 위에서 밝힌 손전등의 빛의 속도가 6억 m/s라면, 이렇게 생각할 수도 있어. 빛의 속도로 움직이는 에스컬레이터 위에, 또 빛의 속도로 움직이는 작은 에스컬레이터를 설치하고, 또 그 위에 빛의 속도로 움직이는 더 작은 에스컬레

이터를 설치한다면 어떻게 될까?"

앨리스는 고개를 갸우뚱하며 대답했다.

"그렇다면 계속 속도를 더해서 빛의 속도는 무한대로 증가할 수 있겠네요."

"그렇지. 그렇다면 무한대의 속도라는 것이 존재할 수 있다는 결론에 도달할 수 있어. 무한대의 속도를 가진 것이 존재하는 것은 자연의 이치에 모순된다고 앞에서 설명했으니까 더 말할 필요도 없는 일이고. 그러니까 빛의 속도보다 더 빠른 것은 존재할 수 없고, 따라서 빛의 속도는 변할 수 없다는 결론에 도달하는 거야. 알겠니?"

앨리스는 아인슈타인의 설명을 이해하는 것이 그리 쉽지 않았으나 직접 실험을 해보는 과정에서 '빛의 속도는 변하지 않는다.'라는 사실을 이해하게 되었다. 그런데 '빛의 속도가 변하지 않는다.'라는 것이 어떻게 빛의 나라로 가는 데 중요한 지식이 되는지는 여전히 알 수 없었다.

그 사이 체셔 고양이와 꼬마 빌이 보이지 않았다. 체셔 고양이와 꼬마 빌은 앨리스와 아인슈타인이 서로 열띤 토론을 하는 동안 이미 자기들끼리 저만치 가고 있었다.

빛의 속도는 변하지 않는다

빛의 속도가 변할 수 없다는 사실은 아인슈타인이 처음 말한 것이 아니다. 이미 과학자들은 17세기부터 빛의 속도를 측정하기 시작했는데, 1887년 마이컬슨과 몰리라는 과학자가 빛의 속도를 측정하면서 빛은 관측하는 사람에 관계없이 항상 동일하다는 사실을 밝혀내었다. 그 사실을 체계적인 과학으로 발전시킨 사람이 아인슈타인이었다.

일행은 체스 고양이를 따라 전철을 타고 일곱 정거장을 간 뒤 내렸다. 그곳에는 인천국제공항처럼 생긴 이상한 나라의 공항이 있었다. 이상한 나라의 공항에 도착한 일행은 창구로 가서 빛의 나라로 가는 여행권을 구입했다.

창구에 있던 예쁘장한 직원 언니는 여행권 외에도 작은 음료병을 하나씩 주었다. 검정색 작은 병에는 '빛의 나라로 가고 싶다면 이것을 마시세요!' 라는 글이 적혀 있었다.

이 문구는 음료를 마시는 순간 짠 하고 빛의 나라에 도착해 있을 것 같은 느낌을 주었지만, 앨리스는 서두르지 않았다. 혹시 그 병에 독이 들어 있을지도 모른다는 생각이 들어서 체셔 고양이가 어떻게 하는가를 먼저 보았다. 체셔 고양이는 앨리스를 보더니 또 히죽 웃으며 작은 병 하나를 다 마셨다. 꼬마 빌과 아인슈타인도 따라 마셨다. 앨리스는 용기를 내어 조금 맛을 보았는데, 생각보다 맛이 좋았다. 음료수는 커스터드, 파인애플, 칠면조 구이, 버터 바른 토스트를 섞어 놓은 듯했다. 별 이상을 느끼지 못한 앨리스는 순식간에 모두 마셔 버렸다. 그런데 잠시 후 기분이 이상해졌다. 몸이 가벼워지는 느낌이 들었다.

"아, 기분이 이상해! 마치 내가 없어지는 것 같아."

그런데 그것은 사실이었다. 앨리스의 몸은 점점 가벼워지고 있었다. 잘못하면 헬륨 가스가 가득 든 풍선처럼 되어 하늘로 날아갈 것만 같은 느낌이 들었다. 다른 일행들도 마찬가지였다. 작은 병에 든 액체를 마신 이들은 몸의 형태는 있지만 몸의 질량은 거의 0에 가까워졌다. 이것은 빛의 나라로 가기 위해서 거쳐야 하는 과정이었다.

앨리스와 일행은 공항 직원의 안내를 받아 자신들을 빛의 나라로 싣고 갈 초고속 제트 비행기가 있는 곳으로 조심조심 걸어갔다. 비행기의 이름은 '빛의 나라로 가는 알바트로스'였는데, 크기는 작았지만 아주 튼튼하게 생겼고, 비행기 내부는 최첨단 기기로 가득 차 있었다. 알바트로스 호는 잠시 후 엄청난 소리를 내며 하늘로 치솟더니 빛의 나라를 향해 떠났다.

이 상 한 나 라 의 세 번 째 이 야 기

길이가 줄어들다

길이가 줄어들다

앨리스 일행이 탄 알바트로스 호는 빛의 나라로 들어갔다. 알바트로스 호의 창문을 통해 본 빛의 나라는 온통 초록색이었다. 건물들은 모두 유리 아니면 거울로 되어 있었고, 곳곳에 초록색 에메랄드가 박혀 있어 도시 전체가 눈부시게 아름다웠다. 또한 그곳에 사는 사람들과 동물들은 모두 초록색 에메랄드 옷을 입고 뾰족하게 생긴 모자를 쓰고 있었다. 빛의 도시는 앞으로 가면 갈수록 초록색이 점점 더 짙어지는 것 같았다. 그러나 알바트로스 호가 점점 빠르게 움직이자 이상한 일들이 일어났다.

"야~, 건물들이 모두 홀쭉하게 보이네. 어? 건물만 그런 것이 아니라 사람, 동물, 자동차, 가로수도 모두 줄어드네. 왜 그러지?"

앨리스는 난생 처음 보는 이상한 현상에 놀랐다. 알바트로스 호의 속도가 빨라질수록 건물들은 높이는 변하지 않지만 가로 길이가 줄어들었다. 건물뿐만 아니라 가로수는 홀쭉하게 되어 마치 대나무처럼 보였고, 사람들은 모두 갈비씨처럼 보였다. 그러나 체셔 고양이나 꼬마 빌 그리고 아인슈타인은 바깥으로 보이는 이상한 일에 별로 놀라는 것 같지 않았다.

"아인슈타인 아저씨! 왜 저기 있는 건물들과 사람들이 모두 홀쭉이가 되는 거죠?"

앨리스가 물었다.

"그것은 길이 수축 현상 때문이야. 우리가 탄 알바트로스 호가 지금 아주 빠른 속도로 날고 있기 때문에 일어나는 현상이지."

아인슈타인은 대수롭지 않다는 듯 대답했다.

"길이 수축 현상이라뇨. 그게 무슨 말이에요?"

앨리스가 흥분된 목소리로 다시 물었다.

"으응, 아주 빠른 속도로 달리면서 물체를 보면, 모든 물체는 길이가 줄어들어. 그걸 길이 수축 현상이라고 해. 그래서 저 빌딩들이 모두 홀쭉해 보이는 거야. 이것은 빛의 나라에서 흔히 볼 수 있는 현상이지."

앨리스는 아인슈타인의 설명을 듣고 다시 밖을 내다보았다. 건물들과 사람들이 점점 더 홀쭉이가 되어 가고 있었다. 앨리스는 자신이 본 신기한 현상에 대해 감탄을 내뱉으면서 왜 저런 일이 일어나는지 더욱 궁금해졌다. 그래서 다시 아인슈타인에게 물었다.

"아저씨, 어떻게 저런 일이 일어날 수 있어요?"

"네가 그 질문을 할 줄 알았다. 지금부터 내가 하는 말을 잘 들어 봐."

아인슈타인은 깨끗한 종이 위에 연필로 다음과 같은 식을 썼다.

$$\text{빠른 속도로 움직이고 있을 때 보이는 길이} = \begin{matrix}\text{정지하고 있을 때}\\\text{물체의 길이}\end{matrix} \times \sqrt{1-\left(\frac{\text{움직이는 물체의 속도(km/s)}}{\text{빛의 속도}}\right)^2}$$

"이건 무슨 식이기에, 이렇게 어려워요?"

계산식이라면 딱 질색인 앨리스가 계산도 하기 전에 잔뜩 겁을 집어먹고 말했다.

"어렵지, 당연히 어렵지. 천재 과학자인 내가 십 년을 넘게 연구한 끝에 만든 식인데 어렵지 않겠어? 하지만 앨리스가 이렇게 어려운 식을 억지로 이해하려고 애쓰지 않아도 돼. 그렇지만 앞으로 빛의 나라에서 일어나는 이상한 사건들을 이해하기 위해서는 꼭 알아야 하는 식이기 때문에 알려주는 거야. 마음을 편안하게 가지고 식을 들여다봐."

아인슈타인은 연필 끝으로 하나씩 짚어가며 천천히, 그리고 자세하게 설명하기 시작했다.

"앨리스, 식을 자세히 들여다보렴. 이 식은 속도에 따라 길이가 달라지는 현상을 설명하고 있어. 이 식을 이해하기 위해서는 실제로 속도를 식에 대입해서 계산해 보는 편이 더 좋아."

이 말을 한 후, 아인슈타인은 너비가 100m인 건물을 빠른 속도로 지나가면서 볼 때 길이가 어떻게 달라지는지를 설명했다.

다음 이야기는 앨리스가 빛의 나라에서 경험한 황당하고 이상한 첫 번째 사건을 수학적으로 풀이한 것입니다. 저 아인슈타인은 이 사건을 '길이 수축 현상'이라는 어려운 용어로 설명했지만, 용어에 겁먹을 필요는 없어요. 또한 설명 중에 수학식이 나오고, 제곱, 제곱근 등의 수학 지식이 들어 있어 어렵게 보일 수 있으나, 설명을 따라 함께 풀어나가면 결코 어려운 내용이 아닙니다. 계산기를 이용하면 보다 쉽게 계산할 수 있으니까 겁먹지 말고 꼭 따라 풀어보세요.

● 비행기의 속도가 빛의 속도의 반일 때 건물 크기는 얼마나 줄어들까?

건물의 너비는 100m이고, 비행기의 속도는 빛의 속도의 반이므로, 3억 m/s (300,000 km/s)의 반, 즉 1억 5천만 m/s (150,000 km/s)이다. 이를 식에 대입하면 다음과 같이 계산할 수 있다.

$$\text{빠른 속도로 움직이고 있을 때 보이는 길이} = 100\text{m} \times \sqrt{1 - \left(\frac{150{,}000\text{km/s}}{300{,}000\text{km/s}}\right)^2}$$

$$= 100\text{m} \times \sqrt{1 - \left(\frac{1}{2}\right)^2} = 100\text{m} \times \sqrt{1 - \left(\frac{1}{4}\right)}$$

$$= 100\text{m} \times \sqrt{\frac{3}{4}} = 100\text{m} \times \frac{\sqrt{3}}{2}$$

* $\sqrt{\ }$는 중학교 수학 시간에 배우는 내용이다. $\sqrt{3}$은 계산기에서 먼저 3을 입력하고 $\sqrt{\ }$기호를 누르면 값이 나오는데, 약 1.73이다(컴퓨터 보조프로그램의 계산기에서는 먼저 3을 입력하고, sqrt라고 쓰인 버튼을 클릭하면 값이 나온다).

$$\text{빛 속도의 반으로 움직이고 있을 때 보이는 길이} = 100\text{m} \times \frac{1.73}{2} = 86.5\text{m}$$

따라서 빛의 속도의 반으로 날아가는 비행기에서 가로 길이가 100m인 빌딩을 보면 86.5m로 줄어 보이는 것이다.

비행기의 속도가 빛의 속도의 90%일 때

비행기의 속도가 빛의 속도의 90%라는 것은 다음 식에서 부분의 값이 0.9라는 뜻이 된다.

빠른 속도로 움직이고 있을 때 보이는 길이

$$= \text{정지하고 있을 때 물체의 길이} \times \sqrt{1 - \left(\frac{\text{움직이는 속도(km/s)}}{\text{빛의 속도}}\right)^2}$$

따라서 다음과 같이 계산할 수 있다.

$$= 100\text{m} \times \sqrt{1-(0.9)^2}$$
$$= 100\text{m} \times \sqrt{1-0.81}$$
$$= 100\text{m} \times \sqrt{0.19}$$

* 계산기로 $\sqrt{0.19}$를 계산하면 약 0.44라는 값이 나온다.

빛의 속도의 90%로 움직이고 있을 때 보이는 길이 $= 100\,\text{m} \times 0.44 = 44\text{m}$

따라서 빛의 속도의 90%로 날아가는 비행기에서 가로 길이가 100m인 빌딩을 보면 44m로 줄어 보이는 것이다.

비행기의 속도가 빛의 속도의 99%일 때

비행기의 속도가 빛의 속도의 99%라는 것은 다음 식에서 부분의 값이 0.99라는 뜻이다.

빠른 속도로 움직이고 있을 때 보이는 길이

$$= \text{정지하고 있을 때 물체의 길이} \times \sqrt{1-\left(\frac{\text{움직이는 속도(km/s)}}{\text{빛의 속도}}\right)^2}$$

위 식에 값을 대입하여 계산하면 다음과 같다.

$$= 100\text{m} \times \sqrt{1-(0.99)^2}$$

$$= 100\text{m} \times \sqrt{1-0.9801}$$

$$= 100\text{m} \times \sqrt{0.0199}$$

* 계산기로 $\sqrt{0.0199}$를 계산하면 약 0.14의 값이 나온다.

$$\text{빛의 속도의 99\%로 움직이고 있을 때 보이는 길이} = 100\,\text{m} \times 0.14 = 14\text{m}$$

따라서 빛의 속도의 99%로 날아가는 비행기에서 가로 길이가 100m인 빌딩을 보면 14m로 줄어 보이는 것이다.

비행기의 속도가 빛의 속도와 같을 때

비행기의 속도가 빛의 속도와 같다면 어떻게 될까? 이것은 다음 식에서 부분의 값이 1이라는 뜻이 된다.

빠른 속도로 움직이고 있을 때 보이는 길이

$$= \text{정지하고 있을 때 물체의 길이} \times \sqrt{1-\left(\frac{\text{움직이는 속도(km/s)}}{\text{빛의 속도}}\right)^2}$$

따라서 다음과 같이 계산할 수 있다.

$$= 100\text{m} \times \sqrt{1-(1)^2}$$

$$= 100\text{m} \times \sqrt{1-1}$$

$$= 100\text{m} \times \sqrt{0}$$

* $\sqrt{0}$ 의 값은 0이다.

$$\begin{array}{c}\text{빛의 속도로 움직이고}\\\text{있을 때 보이는 길이}\end{array} = 100\,\text{m}\times 0 = 0\text{m}$$

따라서 빛의 속도로 달리는 비행기에서 가로 길이가 100m인 빌딩을 보면 0m로 보이게 되는 것이다. 0m라는 것은 결국 길이가 없다는 뜻이 되니까 건물이 없어진다는 뜻이다. 하지만 이것은 모순이다. 왜냐하면 빛의 속도로 달리면서 본다고 하여 원래 있던 것이 없어진다는 것은 자연의 이치로 볼 때 성립되지 않는 일이다. 이러한 사실 때문에 아인슈타인은 빛의 속도나 빛의 속도보다 빨리 달리는 것은 있을 수 없는 일이라고 한 것이다.

앨리스는 아인슈타인의 설명을 꼼꼼히 노트에 정리했다. 비행기가 빛의 속도의 50%로 움직일 때 100m 건물은 86.5m로 보이고, 빛의 속도의 90%일 때는 44m로, 99%일 때는 14m로 보이며, 빛의 속도와 같을 때는 0m가 된다는 것을 알았다. 즉, 아주 빠른 속도로 달리면서 보면 어떤 물체든 줄어든다는 것을 알게 되었다.

"그러면 저 밖에 있는 사람들이 우리를 보면 어떻게 되나요?"

앨리스는 의문이 생겼다.

"앨리스가 아주 좋은 질문을 했어. 길이 수축 현상은 아주 빠르게 움직이는 비행기에서 볼 때와 마찬가지로 가만히 있는 사람이 매우 빠르게 움직이는 비행기를 볼 때도 같은 원리로 적용된단다. 저 사람들이 우

리를 볼 때는 우리 알바트로스 호는 줄어들어 보일 거야. 정지해 있는 사람의 눈에 움직이는 물체는 원래의 것보다 가로폭이 줄어들어 보이는 것이지."

길이 수축 현상의 방향

아인슈타인은, 길이 수축 현상은 운동 방향과 같은 방향에서만 일어나고 운동 방향과 수직 방향으로는 일어나지 않는다고 했다. 따라서 앨리스가 본 건물에서 높이는 변하지 않고, 너비만 줄어드는 것이다.

"그렇지만 제가 사는 곳에서는 이런 현상을 볼 수 없잖아요?"

앨리스는 이 점이 가장 궁금하였다.

"당연하지. 앨리스가 사는 세상에서는 움직이는 물체의 속도가 느리니까 그런 거야. 일상생활 속에서는 저런 현상을 볼 수 없는 거야. 하지만 여기 빛의 나라에서는 얼마든지 빠르게 움직일 수 있기 때문에 오늘과 같은 일들을 앞으로 자주 경험하게 될 거야."

이 상 한　나 라 의　네　번 째　이 야 기

시간이 늦게 가다

시간이 늦게 가다

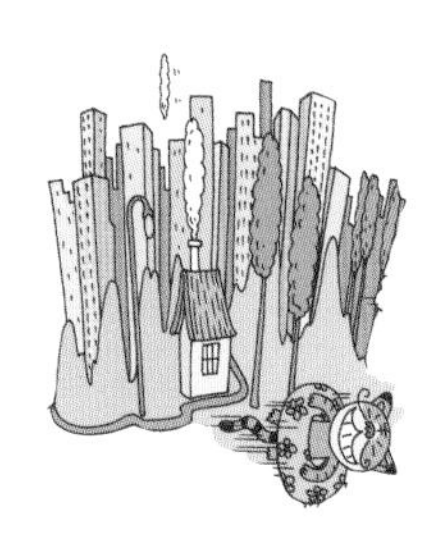

알바트로스 호의 속도가 빛의 속도의 90%를 넘어서자 창밖으로 보이는 빛의 나라는 모두 홀쭉이 세상이 되었다. 앨리스는 '길이 수축 현상'으로 생기는 이상한 세상에 흠뻑 빠져 시간 가는 줄 몰랐다.

그런데 진짜로 시간이 이상하게 가고 있었다. 앨리스가 그 사실을 깨달은 것은 빛의 나라를 신나게 여행하고, 체셔 고양이의 집으로 돌아온 후였다.

"아인슈타인 아저씨, 제 시계가 고장이 났나 봐요."

시계를 들여다보던 앨리스가 속상한 듯 말하였다.

"빛의 나라에 온 지 한참 지난 것 같은데, 제 시계는 1시간도 채 지나

지 않았어요. 얼마 전 남자 친구가 선물로 준 시계인데, 고장이 났나 봐요."

앨리스가 차고 있는 분홍색 캐릭터 시계는 앨리스가 좋아하는 남자 친구가 생일 선물로 준 것이었다. 앨리스는 그 시계를 매우 소중하게 여겼고, 그래서 언니도 절대로 못 만지게 하였다.

속상해 하는 앨리스를 보며 아인슈타인은 대수롭지 않다는 듯 웃기만 했다.

"아저씬, 남의 속도 모르고……."

앨리스는 그런 아인슈타인이 밉고 속상해서 눈물이 났다. 그러자 아인슈타인이 시계는 고장 난 것이 아니고 정상적으로 가고 있다며 앨리스를 달랬다.

"네 시계가 고장이 난 것이 아니라, '시간 지연 현상' 때문에 시간이

천천히 흐른 거야."

"시간 지연 현상이라뇨? 그건 또 무슨 말이에요?"

앨리스는 시계가 고장 나지 않았다는 말에 일단 안심이 되었지만, 자기를 혼란스럽게 했던 '시간 지연 현상' 이 무엇인지 궁금했다.

"으응, 그것은 아주 빠른 속도로 달리면 시간이 늦게 가는 현상이지. 지금 우리가 빛에 가까운 속도로 빠르게 움직이고 있기 때문에 일어나는 일이야."

"조금 전에는, 아주 빠른 속도로 움직이면 물체의 길이가 줄어든다고 말씀하시고, 또 지금은 시간이 늦게 간다고 하시니……. 아저씨 말은 너무 어려워요."

아인슈타인의 입에서 쏟아지는 어려운 말들 때문에 앨리스는 정신을 차릴 수가 없었다. 그때 이들의 이야기를 듣고 있던 체셔 고양이가 일단 집으로 들어가자고 했고, 옆에 있던 꼬마 빌도 배가 고프니 얘기는 밥 먹고 하자고 했다.

체셔 고양이의 집은 매우 넓었다. 체셔 고양이는 손님을 대접한다며 꼬마 빌을 데리고 부엌으로 가 점심을 준비했다. 그동안 앨리스는 아인슈타인을 졸라 빛의 나라를 구경하러 나갔다. 앨리스는 길을 걸으면서 아인슈타인에게 '시간 지연 현상' 에 대해 물었다.

"좋아, 그러면 시간 지연 현상을 눈으로 볼 수 있는 곳으로 가볼까? 옛말에 백문이 불여일견이라고 했으니까."

아인슈타인은 앨리스를 데리고 초록색 유리로 만들어진 기차가 있는 곳으로 갔다. 기차는 멀리서 보면 마치 거대한 에메랄드 보석이 줄을 서 있는 것처럼 아름답게 보였다.

"앨리스, 기차의 천장을 보렴."

아인슈타인이 손으로 가리킨 곳에는 노란 공이 발사되는 장치가 있었다.

"이번에는 그 아래를 보렴."

아래쪽에는 공이 떨어지는 것을 감지하는 센서가 있었다. 노란 공이 떨어져 센서에 닿자 센서가 깜빡였다. 앨리스는 그것들이 무엇을 하는 장치인지 궁금했다.

"자, 지금부터 앞에 있는 저 기차 안에서 노란 공이 움직이는 것을 잘 보고, 또 내가 하는 설명을 잘 들어야 해. 알았지?"

앨리스는 눈앞에서 일어나는 일과 아인슈타인의 설명을 하나도 놓치지 않으려고 눈을 크게 뜨고 귀를 쫑긋했다.

이번 실험은 시간이 늦어지는 '시간 지연 현상'을 간접적으로 보여주는 실험입니다.

실험 1 기차 안에 있는 사람이 볼 때

기차가 움직이더라도 기차 안에 있는 사람이 바라본 노란 공의 이동은 변함이 없다. 이때 기차 안의 사람은 공의 속도를 다음과 같이 계산할 수 있다.

$$\text{공의 속도} = \frac{\text{기차 안의 사람이 본 공이 움직인 거리}}{\text{기차 안 사람의 시간}}$$

실험 2 기차 밖에 있는 사람이 볼 때

기차가 움직이면 기차 밖에 있는 사람이 바라본 노란 공의 이동은 실험 2의 그림과 같다. 이때 기차 밖의 사람은 공의 속도를 다음과 같이 계산할 수 있다.

$$\text{공의 속도} = \frac{\text{기차 밖의 사람이 본 공이 움직인 거리}}{\text{기차 밖 사람의 시간}}$$

"앨리스, 앞의 두 실험에서 노란 공을 빛이라고 생각해 봐. 어느 쪽 빛의 속도가 더 빠를까?"

"그거야 당연히 실험 1에서의 빛의 속도가 더 빠르겠지요. 왜냐하면 이동 거리가 실험 2보다 짧잖아요. 제가 뭐 바보인 줄 아세요. 속도는 (이동 거리) ÷ (걸린 시간)이잖아요. 그러니까 이동 거리가 짧은 실험 1에서의 빛의 속도가 더 빠르겠지요."

앨리스는 논리적으로 설명하는 자신이 너무 대견스러워 우쭐해졌다. 하지만 아인슈타인의 대답은 떨떠름했다.

"글쎄, 과연 그럴까? 우리가 빛의 나라로 오기 전에 빛의 두 가지 중요한 성질을 배웠지? 기억나니? 기억나면 한 번 말해 볼래?"

"첫째, 이 세상에서 가장 빠른 것은 빛이다, 둘째 빛의 속도는 변하지 않는다."

앨리스는 자신 있게 대답했다. 그러고는 "아차!" 하고 이마를 쳤다.

"맞아요. 빛의 속도는 변하지 않는다고 했죠? 그렇다면 제가 대답한 것이 틀렸네요. 실험 1과 실험 2에서 측정한 빛의 속도는 같아야 되니까요."

"그렇지. 이제 감이 오니?"

아인슈타인이 웃으며 말했다.

"그런데 이상해요. 분명히 이동 거리가 다른데, 빛의 속도가 같을 수 있나요? 아무리 생각해도 이해가 안 되네요."

"그렇지. 당연하지. 우리의 상식으로 보면 정말 이상하지. 그러나 빛의 나라에서는 당연한 결과야. 왜냐하면 시간이 다르게 흐르니까 말이야."

"시간이 다르다니요? 기차 안이나 밖이나 시간은 똑같이 흐르고 있잖아요?"

앨리스는 아인슈타인의 말이 이해가 되질 않았다.

"아니야. 속도가 같고, 이동 거리가 다르다면, 당연히 시간이 달라야 하지 않겠니? 다음 식을 보렴. 첫 번째 식은 실험 1의 식이고, 두 번째 식은 실험 2의 식이야. 여기에서 속도가 같으면 두 식은 같은 값을 가져야 한단다."

$$\frac{\text{기차 안의 사람이 본 빛이 움직인 거리}}{\text{기차 안 사람의 시간}} = \frac{\text{기차 밖의 사람이 본 빛이 움직인 거리}}{\text{기차 밖 사람의 시간}}$$

"그런데, 기차 안과 밖에서 본 빛이 움직인 거리는 어떻게 되니? 기차 밖의 사람이 본 빛의 거리가 기차 안의 사람이 본 빛의 거리보다 길지? 그러면 당연히 다음과 같은 관계가 될 거야."

$$\text{기차 안의 사람이 본 빛이 움직인 거리} < \text{기차 밖의 사람이 본 빛이 움직인 거리}$$

"그런데 양쪽 식의 값이 같아지려면, 시간이 달라져야 해. 즉, 기차 밖의 사람이 본 빛의 거리가 기니까 시간이 많이 걸려야 하고, 기차 안의 사람이 본 빛의 거리는 짧으니까 시간이 짧게 걸려야 하는 거야. 그래서 다음과 같은 관계가 성립하지."

기차 안 사람의 시간 < 기차 밖 사람의 시간

"즉, 기차 안에 있는 사람의 시간이 기차 밖에 있는 사람의 시간보다 천천히 흐른다는 거야. 다시 말해 시간이 느리게 간다는 거지."

"글쎄요. 알 듯 모를 듯, 알쏭달쏭하네요."

앨리스는 아인슈타인이 하는 말을 여전히 이해할 수 없어, 대답을 얼버무렸다.

"좋아 그러면 숫자를 넣어서 계산해 볼까? 쉽게 계산하기 위해서 간단한 숫자를 사용하자. 예를 들어서 기차 안의 사람이 본 빛의 거리를 10이라고 하고, 기차 밖의 사람이 본 빛의 거리를 20이라고 하자. 그러면 식은 다음과 같을 거야."

$$\frac{10}{\text{기차 안 사람의 시간}} = \frac{20}{\text{기차 밖 사람의 시간}}$$

"그러면 양쪽 식의 값이 같기 위해서는 시간은 어떻게 되어야 하겠니? 예를 들어 기차 안 사람의 시간을 10초이라고 하면 기차 밖 사람의 시간은 어떻게 될까?"

"양쪽 값이 같아지려면 당연히 20초가 되겠지요."

"맞았어. 그러니까 기차 안 사람의 시간은 기차 밖 사람의 시간보다 10초나 짧지? 다시 말해 시간이 느리게 간다는 거야. 바로 '시간 지연' 현상이 일어난다는 거지. 그러면 빛의 속도는 변하지 않아도 되는 거야. 이제 알겠니?"

"네, 알겠어요."

아인슈타인의 설명을 이해하자 앨리스는 문득 이런 현상을 본 적이 없다는 생각이 들었다.

"그런데 아저씨, 제가 사는 세상에서는 이런 일을 본 적이 없는데요?"

"그거야 당연히 그렇지. 이런 현상은 아주 빠른 속도로 움직이는 경우에만 일어나니까. 특히 빛의 속도에 가깝게 움직일 때 확실히 알 수 있어."

앨리스는 이제야 시계가 왜 천천히 갔는지 확실히 이해할 수 있었다. 그리고 '시간 지연 현상'을 이해한 자신이 대단한 사람처럼 느껴졌다.

"앨리스, 내친김에 속도에 따라 시간 지연 현상이 얼마나 일어나는지 알아볼까?"

아인슈타인이 자신감에 차 있는 앨리스에게 제안을 했다.

'으잉? 또 계산을?' 앨리스는 한 발짝 물러서며 고개를 절레절레 흔들었다.

"알았어, 알았어. 그러면 그건 다음에 배우도록 하자."

앨리스는 아인슈타인을 따라 체셔 고양이의 집으로 돌아왔다. 체셔 고양이와 꼬마 빌은 식탁을 차리느라 정신이 없었다. 한참을 기다려 나온 점심은 당밀과 버섯, 그리고 후춧가루로 만든 하트 모양의 파이였다. 파이는 꽤 먹음직스러워 보였다. 돌아다니느라 배고팠던 앨리스는 큰 소리로 "감사히 잘 먹겠습니다."를 외친 후 맛있게 식사를 하였다. 하지만 그때까지 그 누구도 그 파이 때문에 무시무시한 재판을 받게 될 거라고는 상상조차 하지 못했다.

이 상 한 나 라 의 다 섯 번 째 이 야 기

알바트로스 호를 타고

안드로메다은하로 가다

알바트로스 호를 타고 안드로메다은하로 가다

체셔 고양이가 만든 파이는 앨리스의 입맛에 딱 맞았다. 파이가 너무 맛있어서 앨리스는 지금까지 자기를 보고 쓸데없이 히죽이던 체셔 고양이를 예쁘게 봐줘야겠다고 생각했다. 그때 갑자기 문이 쾅 하고 열리더니 하얀 토끼가 뛰어 들어왔다.

"헉헉, 너희들 큰일 났어!"

"바쁘신 하얀 토끼님이 어떻게 여기까지 오셨나?"

꼬마 빌은 하얀 토끼를 보자 빈정대며 말했다.

"하트 여왕과 카드 병사들이 너희를 잡으러 이쪽으로 오고 있단 말이야. 아인슈타인이 자기에게 아무 말도 없이 사라졌다고 매우 화가 났어. 그리고 그동안 지원해 준 연구비를 몽땅 돌려받아야겠다고 좀 전에

이곳으로 출발했어."

하얀 토끼가 귀를 쫑긋거리며 말했다.

"그러면 큰일인데. 하트 여왕이 오면 우리 목이 남아나지 않을거야. 그리고 내가 받은 연구비를 몽땅 내놓으라고 하면 더 큰일이야. 이미 다 써버렸거든. 일단 빨리 도망가자."

아인슈타인은 먹고 있던 파이를 던져버리고는 짐을 챙기느라 허둥지둥 댔다. 체셔 고양이도 식탁과 오븐을 오가며 아직 다 먹지 못한 파이를 노란색 유리 상자에 챙겨 넣느라고 정신이 없었다. 꼬마 도마뱀 빌은 달리는 데 거추장스러운 꼬리를 잘라 넣을 주머니를 찾았고, 하얀 토끼는 그저 급한 마음에 온 집 안을 깡충깡충 뛰어 다녔다. 그야말로 집 안은 난장판이었다.

"이렇게 허둥대기만 할 거예요? 빨리 도망가요."

보다 못한 앨리스가 큰 소리로 말했다. 그제야 모두들 정신을 차리고 집을 나와 재빨리 알바트로스 호에 올라탔다. 그런데 하얀 토끼의 머리 뒤에서 처음 들어보는 축 늘어지고 나른한 목소리가 들려왔다.

"모두들, 안녕?"

앨리스와 친구들은 새로운 목소리에 깜짝 놀랐다. 목소리의 주인공은 하얀 토끼의 오른쪽 귀 뒤에 있던 작은 쐐기벌레였다. 쐐기벌레는 몸을 똑바로 세워도 10cm밖에 되지 않았다. 작고 귀여운 체구와는 달리 쐐기벌레는 가늘고 긴 아라비안식 물담배를 꺼내 한 모금 쭉 빨더니 하얀 연기를 뻐끔뻐끔 내뿜었다. 그러고는 늘어지게 하품을 했다. 그는 하얀 토끼 머리 뒤에서 낮잠을 자며 한가로운 오후를 보내려고 했는데, 깊이 잠든 바람에 잘못해서 여기까지 오게 되었다고 말했다.

쐐기벌레의 인사가 끝나자 하얀 토끼는 하트 여왕이 지금 어디까지 왔는지 알아보고 오겠다며, 머리에서 쐐기벌레를 내려놓고는 밖으로 나가버렸다. 이렇게 해서 알바트로스 호에는 체셔 고양이, 꼬마 빌, 앨리스, 아인슈타인, 쐐기벌레가 함께 타게 되었다.

앨리스와 친구들은 하트 여왕의 추적을 피해 급히 출발했다. 알바트로스 호는 하늘을 향해 힘차게 날아올랐다. 빛의 나라 대기권을 벗어나 곧장 하늘로 솟아오른 후, 속도를 계속 증가시켰다. 잠시 후 화성이 보였고, 금방 목성을 지나쳤다. 빛의 나라에서 멀어질수록 알바트로스 호는 점점 더 속도를 높였다. 이제는 토성을 지나 명왕성을 스쳐 지나갔다.

"이러다가는 안드로메다은하까지 가겠는걸."

앨리스는 알바트로스 호의 속도에 놀라 자신이 알고 있는 유일한 은하 이름을 말하며 걱정스러운 표정을 지었다. 그런데 알바트로스 호의 운항 컴퓨터가 앨리스의 목소리를 듣고 목적지를 안드로메다은하로 정해 버렸다. 앨리스는 자기 때문에 안드로메다은하로 가게 되어 은근히 걱정이 되었다.

"안드로메다은하는 220만 광년이나 되는 아주 먼 곳인데, 어떻게 갈 수 있나요? 220만 광년이라면 빛의 속력으로도 220만 년이나 걸리는 거리라는데……. 안드로메다에 도착하면 우리는 모두 늙어죽은 후일 텐데……. 하트 여왕을 피해 도망치다가 늙어 죽겠군요."

1광년이란?

1광년은 빛이 1년 동안 가는 거리이다. 빛은 진공 속에서 1초 동안에 약 300,000 km를 진행하므로, 1년 동안 가는 거리를 km로 나타내기 위해서는 다음과 같은 방법으로 계산할 수 있다.

$$\begin{aligned} 1\text{광년} &= 300{,}000\,\text{km} \times 365\text{일} \times 24\text{시간} \times 60\text{분} \times 60\text{초} \\ &= 9{,}460{,}800{,}000{,}000\,\text{km} \end{aligned}$$

즉, 1광년은 9조4천6백8억 km이다. 이 거리는 지구 둘레의 2억3천 6백5십만 배에 해당하는 거리이다.

앨리스는 까마득한 시간에 한숨을 내쉬었다.

"아니야. 우리는 안드로메다은하까지 며칠 만에 갈 수 있어. 그렇게 걱정하지 않아도 돼."

"그게 무슨 말이에요. 학교 선생님이 안드로메다은하까지 가려면 빛의 속도로도 220만 년이나 걸린다고 했단 말이에요."

앨리스는 괜시리 아인슈타인에게 이기고 싶었다. 그러자 옆에서 계속 담배만 뻐끔거리던 쐐기벌레가 아주 느릿느릿하게 앨리스와 아인슈타인의 대화에 끼어들었다.

"에, 별것 가지고 다 싸우네. 그러면 안드로메다은하까지 가보면 알 것 아냐, 며칠이 걸릴지. 220만 년이 걸릴지 한번 가보자구."

"오랜만에 옳은 얘기 들어보네. 좋아 가보자구."

꼬마 빌이 쐐기벌레의 말에 동의를 했다.

"좋아, 좋아. 가자구."

체셔 고양이도 동의했다.

앨리스는 '참 속도 편한 친구들이네. 220만 년이 지나면 모두 늙어 죽을 텐데……. 이러다간 우주에서 늙어 죽는 거 아냐? 결혼도 못 해보고……, 그러면 내가 우주 처녀 귀신이 되는 거네. 아이고, 엄마.'라는 생각이 들었고, 그러자 눈물이 났다. 그러나 나머지 일행들은 앨리스의 고민을 아는지 모르는지 천하태평이었다.

아인슈타인은 한쪽 구석자리를 잡고 뭔가 열심히 생각하기 시작했고, 체셔 고양이는 그 옆에서 치즈 덩어리로 자신과 똑같이 생긴 고양이를 만들었다. 꼬마 빌은 알바트로스 호를 타기 전에 떼어놓았던 꼬리를 붙이려고 안간힘을 썼고, 쐐기벌레는 마음 편하게 담배 연기로 갖가지 벌레 모양을 만들며 놀았다. 앨리스는 속상한 마음에 엎드렸다가 잠이 들었다.

앨리스는 꿈을 꾸었다. 하트 여왕의 카드 병사들이 나타나 자신의 목을 뎅강 자르는 꿈이었다. 소름끼치게도 목이 잘린 앨리스는 죽지 않고 이리저리 뛰어다녔다.

악몽에 앨리스는 소스라쳐서 벌떡 일어났다. 주변을 돌아보니 여전히 친구들은 앨리스가 잠들기 전과 같은 일을 하고 있었다. 심심해진 앨리스는 알바트로스 호의 운전석에 앉아 창밖을 내다보았다. 아주 먼 곳에서 아름다운 은하가 보였다.

"은하네? 안드로메다은하처럼 생겼네."

앨리스의 중얼거리는 소리에 아인슈타인이 고개를 들어 밖을 보았다.

"오, 안드로메다은하가 잘 보이는군."

안드로메다은하

"엥? 말도 안 돼. 벌써 안드로메다은하가 보인단 말이에요? 아인슈타인 아저씨, 절 놀리시는 거죠?"

앨리스는 고개를 절레절레 흔들었다.

"정말 안드로메다은하라니깐. 앞으로 약 4일 후면 저곳에 도착할 거야."

아인슈타인은 계속 자신의 말을 의심하는 앨리스에게 왜 안드로메다은하까지 가는 데 4일밖에 안 걸리는지 설명해주었다.

복잡해 보이는 설명 같지만, 이미 우리가 앞에서 배운 내용이에요. 차근 차근 이해하다 보면 안드로메다은하까지 가는 데 왜 4일밖에 안 걸리는지 알게 될 것입니다.

복습하기

우리는 앞에서 우주선이 빛 속도의 50%로 날아가면서 폭이 100m인 빌딩을 보면, 빌딩의 폭은 86.5m로 줄어 보이고, 또 90%로 날아갈

때는 44m로 줄어 보이고, 99%로 날아갈 때는 14m로 줄어 보이는 현상을 배웠다. 그리고 이를 '길이 수축 현상'이라고 했다.

또한 우주선이 아주 빠른 속도로 날아가면, 그 우주선 안에 있는 사람의 시간은 우주선 밖에 있는 사람들의 시간보다 느리게 간다는 것을 배웠는데, 이를 '시간 지연 현상'이라 했다.

그러면 빛의 속도에 가까운 아주 빠른 속도로 날아갈 때 일어나는 길이 수축 현상과 이에 따른 시간 지연 현상을 계산해 보자.

우선 어떤 우주선이든 빛의 속도로 날아갈 수는 없다는 사실을 미리 알고 있어야 한다.(이유를 간단히 말하면, 우주선이 빛의 속도에 도달하는 순간 그 우주선의 질량은 무한대로 커지기 때문이다. 자세한 이유는 뒤에서 설명할 것이다.) 그러므로 알바트로스 호가 빛 속도의 0.999999999999999(와~, 9가 무려 15개!)배로 날아간다고 가정하고, 속도를 계산해 보자.

① 알바트로스 호의 속도 계산하기

먼저 알바트로스 호의 속도를 계산한다. 속도는 다음과 같다.

$$\begin{aligned}\text{알바트로스 호의 속도} &= \text{빛의 속도} \times 0.999999999999999 \\ &= 300{,}000\text{km/s} \times 0.999999999999999 \\ &\fallingdotseq 299{,}999.9999999997\text{km/s}\end{aligned}$$

② 길이 수축 현상 계산하기

알바트로스 호가 앞과 같은 빠른 속도로 달리면 앞에서 배웠듯이 길이 수축 현상이 일어난다. 이때 1km의 길이(또는 거리)는 어떻게 변하는

지 다음의 식을 이용하여 계산한다.

$$\text{빠른 속도로 움직이고 있을 때 보이는 거리} = \text{정지하고 있을 때 물체의 길이} \times \sqrt{1-\left(\frac{\text{움직이는 물체속도}}{\text{빛의 속도}}\right)^2}$$

알바트로스 호가 빛의 속도의 0.999999999999999배의 속도로 움직이고 있을 때 보이는 거리

$$= 1\,\text{km} \times \sqrt{1-\left(\frac{299,999.9999999997\,(\text{km}/\text{초})}{300,000.000000000\,(\text{km}/\text{초})}\right)^2}$$

$$= 0.0000000045\,\text{km}$$

따라서 위 식의 결과로 보면, 빛의 속도에 가까운 속도로 날아가는 알바트로스 호에게 1km의 거리는 실제로는 0.0000000045km밖에 되질 않는다. 즉, 1km의 거리가 0.00045cm 가 되는 것이다.

빛에 가까운 속도로 날아가는 알바트로스 호는 옛날 이야기 속의 도인들이 축지법을 사용하듯이 1km의 거리를 0.00045cm의 아주 짧은 거리로 날아가는 것이다.

③ 길이 수축 현상의 적용을 받을 때 안드로메다까지의 거리 계산하기

이제 알바트로스 호에게는 1km가 0.00045cm밖에 되지 않는다. 그

렇다면 220만 광년이나 되는 안드로메다은하까지의 거리는 어떻게 되는지 계산해보자.

안드로메다은하까지의 거리는 220만 광년이고, 1광년은 빛이 1년 동안 가는 거리이므로 다음과 같은 방법으로 계산할 수 있다.

· 1광년 = 300,000km × 365일 × 24시간 × 60분 × 60초
= 9,460,800,000,000km

· 220만 광년 = 2,200,000 × 9,460,800,000,000km
= 20,813,760,000,000,000,000km

· 길이 수축 현상을 적용한 거리
1km ➡ 0.0000000045km가 된다. 따라서,
20,813,760,000,000,000,000km × 0.0000000045
= 93,661,920,000km 이다.

잠깐! 숫자 단위는 어떻게 읽을까요?

10^4 (10,000) : 만

10^8 (100,000,000) : 억, 10^9은 10억, 10^{10}은 100억, 10^{11}은 1,000억.

10^{12} (1,000,000,000,000) : 조, 10^{13}은 10조, 10^{14}은 100조,
10^{15}는1,000조.

10^{16} (10,000,000,000,000,000) : 경, 10^{17}은 10조, 10^{18}은 100조,
10^{19}은 1,000경.

10^{20} : 해

10^{24} : 시

따라서 220만 광년의 거리인 20,813,760,000,000,000,000은 '이천팔십일경 삼천칠백육십조'로 읽으면 됩니다.

④ 알바트로스 호가 안드로메다은하까지 가는 데 걸리는 시간 계산하기

그러므로 알바트로스 호는 299,999.9999999997 km/s의 속도로 93,661,920,000 km 거리를 날아간다고 할 수 있다.

이때, "시간 = 거리 ÷ 속도"이므로, 이 식에 위 값을 대입하여 계산하면,

$$93{,}661{,}920{,}000\text{km} \div 299{,}999.9999999997\,\text{km/s} \fallingdotseq 312{,}206.4\text{초}$$

가 나온다.

그러면 312,206.4초는 얼마나 되는 시간일까? 312,206.4초를 시간으로 계산하려면 1시간 = 3,600초이므로, 3,600초로 나누면 시간이 나온다. 따라서 312,206.4 ÷ 3,600 ≒ 86.72 시간이다. 또한, 하루는 24시간이므로 86.72시간은 86.72 ÷ 24 ≒ 3.6일 이다.

결론적으로 안드로메다은하까지 빛의 0.999999999999999배 속도로 날아가게 되면, 그 우주선 안에서의 시간은 3.6일밖에 흐르지 않습니다. 그러므로 알바트로스 호를 탄 우리들에게는 가는 데 3.6일, 오는 데 3.6일, 모두 7.2일밖에 걸리지 않습니다.

"어휴, 이제 결과가 나왔네요. 세상에 태어나서 이렇게 복잡한

계산은 처음이에요. 그리고 안드로메다은하와 같이 먼 거리에 있는 곳을 일주일 정도 만에 다녀올 수 있다는 사실이 정말 놀라워요."

앨리스는 계산이 많이 힘들었는지 한숨을 길게 내쉬었다. 그러다가 곰곰이 생각하더니 흥분하기 시작했다.

"앗! 그러면 어떻게 되는 거야. 우리가 일주일 동안에 안드로메다은하에 다녀오면 빛의 나라에서는 440만 년의 시간이 흘러버린다는 게 아니야?"

"그렇지. 우리가 지금까지 배운 내용대로라면 그렇게 되겠지. 그리고 우리는 하트 여왕 같은 지긋지긋한 고집쟁이 여왕을 다시 보지 않아도 될 거야. 하지만 정말 그렇게 될지는 모르겠어. 이곳에서 일어나는 일들은 우리들의 상식을 벗어난 것들이 많거든."

많은 연구를 한 아인슈타인이었지만, 빛의 나라에서 일어나는 일에 대해서는 정확한 예측을 할 수가 없었다.

이상한 나라의 여섯 번째 이야기

몸무게 때문에 안드로메다은하 여행을 포기하다

몸무게 때문에 안드로메다은하 여행을 포기하다

안드로메다은하로 향한 알바트로스 호는 점점 더 속도를 높였다. 속도를 알려주는 계기판에는 현재 알바트로스 호의 속도가 빛의 속도의 50%까지 올라갔음을 알려주는 숫자가 나타났다. 그리고 빛의 속도 99%까지 증가하는 데는 앞으로 약 30분의 시간이 남았다는 컴퓨터의 알림이 있었다.

한편, 앨리스는 알바트로스 호의 속도가 점점 올라가는 동안에 자신의 몸에 이상한 변화가 일어나고 있음을 느꼈다. 몸이 점점 무거워지고 있다는 느낌이었다. 앨리스는 왜 그럴까 하며, 다른 이들도 그런지 궁금했다. 하지만 다른 이들은 보통 때와 다름없이 행동했다. 앨리스는 옆에 있는 꼬마 빌에게 조용히 물었다.

"꼬마 빌! 넌 몸이 점점 무거워지고 있다는 느낌이 들지 않니?"

"아니. 몸이 점점 무거워지다니?"

꼬마 빌은 앨리스의 말을 이해할 수 없다는 듯이 눈을 껌뻑였다. 앨리스는 쐐기벌레에게도 물어보았다.

"쐐기벌레야, 혹시 몸이 점점 더 무거워지고 있다는 느낌 같은 거 들지 않니?"

"아니."

쐐기벌레도 몸이 무거워진다는 앨리스의 말을 이상하게 생각했다. 다른 이들은 괜찮다고 하는데 자기만 몸이 무거워지는 것 같아서 앨리스는 은근히 걱정이 되었다. 앨리스는 마지막으로 체셔 고양이에게 물었다.

"체셔 고양이, 넌 괜찮니? 난 몸이 점점 무거워지는 것 같아."

그러자 체셔 고양이가 큰 입을 더욱 크게 벌리며 큰일이 났다는 듯 수선을 떨며 아인슈타인에게로 달려갔다.

"아인슈타인 아저씨! 앨리스가 몸이 점점 무거워지고 있대요. 이 일을 어쩌지요? 앨리스가 불량 물약을 마셨나 봐요."

그러자 아인슈타인도 얼굴색이 노랗게 되어 소리쳤다.

"뭐? 물약이 불량품이었다고? 그러면 큰일인데! 당장 속도를 줄여야겠다."

몸무게가 느는 것 같다는 앨리스의 말에 체셔 고양이와 아인슈타인은 큰일이 났다며 다급히 행동했다. 그리고 알바트로스 호의 속도는 점점 줄어들어 이제는 빛의 속도의 약 10% 정도까지 낮아졌다.

앨리스는 이해할 수가 없었다. 자신의 몸무게가 늘어나는 것이 왜 그렇게 큰일이 되는지, 물약이 불량품이었다는 말은 또 무슨 말인지, 그리고 알바트로스 호의 속도를 줄인 까닭은 무엇인지, 모든 것이 궁금했다. 앨리스는 아인슈타인에게 왜 이렇게 야단법석을 떠느냐며 물어보았다. 아인슈타인은 알바트로스 호의 속도가 줄어든 것을 확인한 후에야 한숨을 내쉬며 대답했다.

"앨리스, 네가 마신 물약은 불량품이었어. 그리고 네 몸무게가 느는 것은 단순히 느낌이 아니라 실제로 일어난 일이야."

"물약이라니, 무슨 물약이요?"

앨리스가 고개를 갸우뚱하며 물었다.

"우리가 빛의 나라로 오기 전에 공항에서 마신 물약 말이야."

그러자 앨리스는 '빛의 나라로 가고 싶다면 이것을 마시세요!' 라는 문구가 쓰여 있던 물약을 마신 일이 생각났다.

"아, 여러 가지 맛이 나던 그 물약 말이에요? 맞아요, 그 병에 든 액체를 마신 후에 기분이 이상했어요! 꼭 내가 없어지는 것 같았어요."

"그래 맞아. 그게 바로 불량 물약이었어."

"불량 물약이라니요?"

"그것을 마신 사람들은 몸무게가 없어져. 다시 말해 질량이 0이 되는 거지."

"말도 안 돼요. 어떻게 질량이 0이 되죠?"

앨리스는 아인슈타인의 말이 믿어지지가 않았다.

"그러니까 빛의 나라를 이상한 나라라고 하지. 아무튼 그 물약을 마시고 나면 몸의 질량이 0이 되고 몸무게가 없어져야 하는데, 넌 그렇게 되지 않았어."

"좋아요, 엉터리 같은 말이지만 그렇다 치고, 그럼 왜 제 몸무게가 점점 늘었나요?"

앨리스가 물었다.

"그것은 알바트로스 호의 속도가 점점 빨라졌기 때문이야. 아주 빠른 속도로 움직이면 몸무게가 증가하거든."

아인슈타인은 앨리스를 위해 이 문제를 차근차근 설명해주었다.

"먼저 알바트로스 호가 빛의 나라에서 출발한 후, 1초가 지날 때마다 계속 100m/s씩 속도가 증가하고, 여행한 지 180일이 지났다고 가정해 보자. 우주선의 속도는 다음과 같이 늘어난단다.

$$100\text{m} \times 60\text{초} \times 60\text{분} \times 24\text{시간} \times 180\text{일}$$
$$= 1{,}555{,}200{,}000\text{m/s} = 1{,}555{,}200\text{km/s}$$

여기에서 '1,555,200km/s'라는 속도는 빛의 속도인 300,000km/s의 5배나 되는 속도이지. 그런데 이러한 속도는 존재하지 않는단다. 우리는 앞에서 이 세상에서 가장 빠른 것은 빛이고, 빛보다 빠른 것은 존재할 수 없다고 배웠어. 그러면 앞의 계산에서 빛보다 5배나 빠른 속도로 계산된 결과는 어떻게 되는 것일까? 그리고 날짜가 더 지난다면 그 속도는 점점 빨라진단다. 이것은 명백한 모순이란다."

계속해서 아인슈타인은 이 모순을 해결하기 위해서 '아주 빠르게 움직이는 물체는 질량이 증가해야 한다.'라고 앨리스에게 설명했다. 왜냐하면 아주 빠르게 움직이는 물체의 질량이 증가한다면 빛의 속도는 절대로 300,000km/s의 속도를 넘어가지 않는다는 연구 결과가 나왔기 때문이다.

다음은 '아주 빠르게 움직이는 물체는 질량이 증가해야 한다'는 내용을 앨리스에게 예를 들어 설명한 것입니다. 여러분도 잘 들어 보세요.

우선, 앨리스가 탄 알바트로스 호의 질량을 10,000kg이라고 가정한다. 질량이 10,000kg인 알바트로스 호의 속도가 빛의 속도의 90%가 되었을 때, 알바트로스 호의 질량은 23,000kg이 된다. 또한 빛의 속도의 99%에 도달했을 때는 약 70,000kg이나 된다. 어떻게 이런 계산이

나왔을까? 이것은 아인슈타인이 만든 다음의 식을 이용하여 계산할 수 있다.

$$\text{아주 빠르게 움직이는 물체의 질량} = \frac{\text{정지하고 있을 때의 질량}}{\sqrt{1-\left(\frac{\text{움직이는 속도 (km/s)}}{\text{빛의 속도}}\right)^2}}$$

"먼저 알바트로스 호가 질량이 10,000kg이고, 빛의 속도의 99%로 날아가고 있다고 하면 다음과 같이 계산할 수 있단다."

$$\text{빛의 속도 99\%로 날아가는 알바트로스 호의 질량} = \frac{10,000\text{kg}}{0.14} \fallingdotseq 71,428.6\text{kg}$$

이어서 아인슈타인은 알바트로스 호의 질량이 10,000kg이고, 현재 빛의 속도로 날아가고 있다고 했을 경우를 계산했다.

"앞의 식 $\sqrt{1-\left(\frac{\text{움직이는 속도 (km/s)}}{\text{빛의 속도}}\right)^2}$ 에서, 분자인 '움직이는 속도'가 '빛의 속도'가 된다고 하면, 분모인 빛의 속도와 같은 값이 되어 약분이 되므로 1이 된단다. 여기서 $(1)^2$은 1이므로, 다음과 같은 계산 결과가 나오겠지? 즉, $\sqrt{1-1} = \sqrt{0} = 0$ 그러면 계산 결과는 다음과 같을 거야."

$$\text{빛의 속도 100\%로 날아가는 알바트로스 호의 질량} = \frac{10,000\text{kg}}{\boxed{0}} = \text{무한대}$$

"다시 말해, 알바트로스 호가 빛의 속도로 날아갈 때는 그 질량이 무한대에 도달하게 된단다. 그런데 질량이 무한대인 알바트로스 호는 존재할 수 없어. 왜냐하면 무한대의 질량은 자연세계에 존재할 수 없는 값이기 때문이지. 그러므로 이 결과는 과학적으로 있을 수 없는 일이야.

앞에서 계산한 결과는 알바트로스 호 안에 타고 있는 앨리스 너에게도 똑같이 적용된단다. 알바트로스 호의 질량이 증가하는 것과 마찬가지로 앨리스 너의 질량도 늘어나는 거지. 계산하기 쉽게 앨리스의 질량을 100kg이라고 가정하면, 알바트로스 호의 속도가 빛의 속도의 90%가 되면 앨리스는 230kg이 되고, 알바트로스 호의 속도가 빛의 속도의 99%에 도달했을 때는 앨리스의 질량은 약 700kg이 되는 거야. 또한 알바트로스 호의 속도가 빛의 속도에 도달하면 앨리스의 질량 역시 무한대가 되는 거지. 무한대의 질량을 가지는 앨리스, 상상할 수 있

겠니?"

어리둥절해 있는 앨리스를 위해 아인슈타인은 지금까지 한 이야기를 다시 정리해 주었다.

1. 알바트로스 호의 속도가 점점 증가하여 빛의 속도에 가까워진다.(알바트로스 호에 탑승한 앨리스도 같은 속도로 움직인다.)
2. 알바트로스 호의 질량이 점점 증가한다.(앨리스의 질량도 점점 증가한다.)
3. 알바트로스 호의 질량이 증가하기 때문에, 알바트로스 호는 이전과 같은 힘을 주어도 속도가 전만큼 빨리 증가하지 않는다.
4. 그래도 시간이 지나면, 알바트로스 호의 속도는 조금씩 증가한다.
5. 그러다가 시간이 지난 후에 알바트로스 호의 속도가 빛의 속도에 다다르면, 앞의 계산에서 배웠듯이 분모 값이 0이 되므로 알바트로스 호의 질량은 무한대가 된다.(알바트로스 호 안에 있는 앨리스도 마찬가지로 질량이 무한대에 이른다.)
6. 질량이 무한대라는 것은 있을 수 없는 일이므로 알바트로스 호는 절대로 빛의 속도가 되거나 그 이상이 될 수 없다.(이렇게 되면 앨리스는 이미 자기 몸무게 때문에 짓눌려 죽어 있을 것이다.)

여기까지 설명을 마친 아인슈타인은 알바트로스 호가 빛의 속도에 가깝게 운항하기 위해서는 알바트로스 호의 질량은 빛과 같이 0이 되어야 한다(빛의 질량은 0이다)고 했다. 마찬가지로 알바트로스 호 안에 탑승

속도와 출발
질량 패융
갸아~ 벌써 빛의 속도와 비슷해
나 질량
그럼 나도 점점 커져야지~ 헤헤헤
재밌겠다
이쪽이야
와~ 점점 빨라져
빨라 질 수록 나도 점점 커지지
질량
어? 속도가 아까보다 천천히 증가하는 것같아..
괜찮아. 그래도 약간씩 빨라지고 있어.
어때! 무한대의 질량 맛이!!
나 때문 이지롱~
질량
파닥 파닥
질량
안전띠 꼭 매야되~
분모값이 "0"이 되는 지점
으윽! 무거워
갸약
빛의속도
그래서 빛의 속도는 넘을 수도 없고 빛보다 빠른 것은 없다는 거야!
정신차려 앨리스! 안돼에~
질량
아싸~

한 앨리스와 아인슈타인 등도 그 질량이 0이 되어야 한다고 말했다.

아인슈타인의 설명을 들은 앨리스는, 왜 빛의 나라로 들어가기 위해서는 이상한 물약을 마셔야 하는지를 알게 되었다. 그리고 자신이 마신 물약은 불량품이었으므로 질량이 0이 되지 못했고, 그래서 알바트로스 호는 안드로메다은하 여행을 포기할 수밖에 없었음을 알게 되었다.

앨리스는 '어떤 물체든 아주 빠른 속도로 움직이면 질량이 증가한다. 질량이 증가하지 않으면서 빛의 속도에 다다르면 무한대의 질량이 되기 때문에 모순이 발생한다.'라고 중얼거렸다. 그리고 아인슈타인에게 다음과 같은 질문을 했다.

"그러면 제가 알바트로스 호를 타고 계속 갔다면 어떻게 되었을까요?"

"계속 갔다면 말이야……, 넌 점점 몸 가누기가 힘들어지다가 결국에는 자기 몸무게에 짓눌려 숨도 못 쉬고 헤매다가 죽었겠지. 큰일 날 뻔했어."

아인슈타인이 대답했다.

"오~ 세상에, 끔찍해!"

생각지도 못한 결말에 앨리스는 질겁했다. 옆에 있던 친구들은 불량 물약을 만든 회사를 고발해야 한다며 소리 높여 떠들었다. 결국 앨리스와 친구들은 불량 물약 때문에 아쉽게 안드로메다은하로 가는 여행을 포기했고, 다시 빛의 나라로 되돌아갈 채비를 했다. 모두들 흥분했던 마음을 가라앉히고 자리에 앉아 멀어져가는 안드로메다은하의 아름다운 별빛에 안녕을 고하였다. 그러고는 보복을 다짐하고 있을 하트 여왕을 만날 걱정에 한숨을 내쉬었다.

이 상 한 나 라 의 일 곱 번 째 이 야 기

중력의 나라에서 온

이상한 초대장

중력의 나라에서 온 이상한 초대장

앨리스의 몸무게 때문에 여행을 계속할 수 없게 된 앨리스와 친구들은 빛의 나라로 돌아오는 내내 하트 여왕의 화난 얼굴이 떠올라 우울했다.

그런데 하필이면 체셔 고양이의 집으로 돌아오는 길에 하트 여왕과 그의 병사들을 만났다. 아인슈타인은 불안한 마음으로 하트 여왕에게 인사를 건넸다.

"여왕 전하, 그동안 건강하셨는지요?"

"그럼요. 아인슈타인이 걱정해 주어서 별 일 없었습니다."

예상치 못한 여왕의 온화한 대답에 아인슈타인과 앨리스, 그리고 나머지 일행들은 어리둥절하여 서로의 얼굴을 쳐다보았다. 분명 여왕은

'목을 내놓아라, 그동안 준 돈을 모두 내놓아라!' 며 야단법석을 떨어야 하는데, 의외로 친절한 목소리로 인사를 받아 주었다. 아인슈타인은 어안이 벙벙했다. 이것이 어찌된 일일까 궁금했던 체셔 고양이가 옆에 있던 카드 병사 '다이아몬드 투' 에게 물었다.

"하트 여왕, 어디 아파? 왜 저렇게 변했어?"

"너희들이 떠난 지 일주일이 지났잖아. 그래서 이전 일은 모두 잊은 거야. 그러니 더 이상 그 일에 대해서는 묻지 마."

눈치 빠른 체셔 고양이가 카드 병사의 말을 듣고, 아인슈타인에게 귓속말로 이 뉴스를 전했다.

"우리가 안드로메다은하까지 가지는 못했지만 빠른 속도로 다녀오는 동안에 이곳의 시간이 일주일이 더 지났나 봐요."

그러자 아인슈타인이 이해하겠다는 듯 고개를 끄떡였다. 사실, 앨리스와 친구들이 안드로메다은하를 향해 출발했다가 다시 돌아온 데는 하루도 채 걸리지 않았지만 알바트로스 호가 아주 빠른 속도로 날아갔기 때문에 '시간 지연 현상' 이 일어난 것이다. 즉, 알바트로스 호에서는 하루 정도가 걸렸으나 이곳에서는 상대적으로 훨씬 더 많은 시간이 흘러 일주일 이상이 지났다. 따라서 일주일이 지난 일에 대해서는 기억을 하지 못하는 하트 여왕이 지난번 코커스 경주의 일을 모두 잊은 것이다.

하트 여왕과 헤어지고 난 후 일행은 여행 탓에 피곤하기도 하고 또 하트 여왕 때문에 긴장했던 탓인지 체셔 고양이네 집으로 오자마자 낮잠을 자기 시작했다.

시간이 좀 흘렀을까 누군가 체셔 고양이 집 대문을 요란스럽게 두드렸다.

"탕탕탕……, 탕탕탕……."

모두들 잠든 조용한 가운데 꼬마 빌이 부스스 일어나 나가 보니, 하얀 토끼가 방긋 웃으며 서 있었다.

"하얀 토끼, 무슨 급한 일이야? 집이 무너져라 문을 두드린 이유가 뭐야?"

꼬마 빌이 물었다.

"여기 중력의 나라에서 온 편지를 전해 주려고 왔어."

하얀 토끼는 손에 있던 커다란 편지를 건네주었다. 편지에는 편지를 보낸 사람의 주소와 이름이 있었다.

'중력의 나라, 뉴턴 보냄.'

어느새 잠이 깬 아인슈타인이 꼬마 빌의 옆에 서서 편지를 받아들었다. 주소를 보자 아인슈타인은 고개를 갸웃했다. 이상한 나라에 온 지 꽤 된 그였지만, 이상한 나라에 '중력의 나라'가 있다는 것은 처음 알았다. 그리고 보낸 이가 '뉴턴'으로 되어 있는데, 이 '뉴턴'이 정말 자신이 아는 그 유명한 물리학자 '아이작 뉴턴'인지 궁금했다.

'그가 어떻게 중력의 나라로 갔을까?'

아인슈타인은 하얀 토끼가 가져온 편지 때문에 머리가 복잡해졌다.

편지의 내용은 다음과 같았다.

존경하는 아인슈타인 박사께,

나는 한때 영국에서 왕립학회 회장으로 일하면서 만유인력의 법칙을 밝혀내고 반사 망원경을 발명한 아이작 뉴턴이네.

얼마 전부터 나는 '중력의 나라'에 초빙되어 중력에 대한 연구를 하고 있다네. 이곳에서 '빛이 태양 근처를 지나가면 어떻게 될까?'라는 문제를 연구하고 있지.

그런데 어느 날 나의 훌륭한 조수인 에딩턴이 이상한 말을 하는 거야. '태양 근처를 지나는 빛은 휘어진다.'라는 거지. 에딩턴은 내가 아끼는 제자로 결코 허튼 소리를 하는 사람이 아니라네. 그래서 나도 그 현장에 가 보았지. 그런데 그것이 사실이었어. 내가 평생을 두고 연구한 바에 따르면 질량이 없는 빛은 중력의 영향을 받지 않아야 하는데 말이야. 이 일 때문에 골치가 아파 죽겠다네.

비록 내가 과학계에서는 자네보다 선배이지만, 아인슈타인 박사의 명성을 존경하여 이렇게 편지를 보내니, 부디 와서 이 골치 아픈 문제의 원인을 밝혀주기를 바라네. 이상 끝.

아이작 뉴턴 씀

아인슈타인은 대선배이자 위대한 과학자인 아이작 뉴턴이 친필로 쓴 편지를 받은 것이 너무나 감동스러워 눈물을 흘리기까지 했다. 그리고 당장 뉴턴의 초청을 받아들이기로 결심하고 즉시 떠날 채비를 했다. 옆에서 지켜보던 앨리스도 뉴턴이 어떤 사람인지 궁금하여 아인슈타인을 따라가기로 했다.

앨리스가 간다고 하자 앨리스를 은근히 좋아하고 있던 체셔 고양이가 따라간다고 했고, 체셔 고양이의 오랜 친구인 꼬마 빌도 체셔 고양이가 가면 자신도 가겠다고 했다. 쐐기벌레는 잠시 망설이더니, 혼자 남는다는 것은 의리를 저버리는 일이라며 마지못해 따라 나섰다.

'중력의 나라'로 가기 위해서 일행은 '빛의 나라'로 온 길을 거꾸로 돌아가야 했다. 빛의 나라를 떠나기 전, 체셔 고양이는 빛의 나라로 들어오는 길목에서 자라는 버섯을 뜯어서 앨리스에게 주었다.

"웬 버섯이야?"

"이 버섯을 먹어야 몸무게가 원래대로 돌아와. 몸무게가 없으면 중력의 나라에서는 제대로 걸어 다닐 수가 없어."

체셔 고양이는 손에 들고 있던 버섯을 앨리스에게 주고는 자신은 땅에 있는 버섯을 뜯어 먹었다. 나머지 일행도 똑같이 버섯을 뜯어 먹었다. 버섯은 지난번에 마셨던 물약과는 반대로 몸무게를 원래 상태로 되돌리는 효과를 보였다.

오랜 시간 끝에 도착한 중력의 나라는 매우 더웠다. 마치 이글이글 불타오르는 아프리카에 온 것 같았다.

뉴턴이 적어 준 주소를 찾아 앨리스와 아인슈타인 일행이 도착한 곳은 넓은 평원이었다. 뜨거운 햇빛이 쨍쨍 내리 쬐는 길을 오래 걷자 숨이 턱까지 차올랐다. 꼬마 빌과 쐐기벌레는 더 이상 못 걷겠는지 그늘이

있는 나무 아래로 가 축 늘어져 버렸다. 앨리스도 얼굴이 뻘개지더니 나중에는 따끔거리기까지 했다.

일행은 잠시 앉아 쉬며 주변을 살펴보았다. 평원 중앙에는 커다란 천체 망원경이 있었고, 그 주위에서는 사람들이 분주하게 움직이고 있었다.

"아인슈타인 아저씨, 저 사람들은 지금 뭘 하고 있는 걸까요?"

앨리스가 궁금하여 물었다.

"글쎄, 뭘 하고 있는 걸까? 하는 것을 봐서는 개기 일식을 관측하는 것 같은데."

아인슈타인은 마른침을 삼키며 대답했다. 그때 더운 날씨에도 불구하고 근엄한 귀족 복장을 한 사람이 그들 앞에 나타났다.

"아인슈타인 박사, 잘 왔네."

"혹시, 뉴턴 경이십니까?"

아인슈타인은 귀족 복장을 한 사람이 뉴턴임을 확신하고 고개를 숙여 정중히 인사를 했다. 아인슈타인의 인사에는 뉴턴에 대한 존경심이 담겨 있었다. 아인슈타인은 현대 과학의 기초를 닦은 위대한 과학자 뉴턴을 만나자 기뻐 어쩔 줄을 몰라 했다.

"뉴턴 경, 지금 무슨 일을 하고 있는 중이십니까?"

아인슈타인은 뉴턴의 이름 다음에 영국의 귀족에게 붙이는 존칭어인 '경' 을 꼬박꼬박 붙이며 물었다.

"음, 지금 태양을 지나는 별빛이 정말 휘어지는지 관측 중이라네. 오늘은 마침 개기 일식이 일어나는 날이라서 좋은 기회가 될 것이야."

뉴턴은 천천히, 그리고 근엄하게 대답했다.

태양 근처를 지나는 빛이 휘어지는 것을 관측하기 위해 뉴턴은 두 팀의 관측대를 만들었다고 했다. 그 중 한 팀은 이상한 나라의 북쪽에 있는 곳으로 보냈고, 한 팀은 이곳 중력의 나라에서 관측을 준비 중이라고 했다. 그리고 두 곳 모두 개기 일식을 관측하기에 좋은 곳이라고 했다.

그때였다. 체셔 고양이의 등에 타고 있던 꼬마 빌이 큰 소리로 외쳤다.

"야, 개기 일식이 일어나고 있다!"

그러자 옆에 있던 사람들이 웅성거리기 시작했고, 사람들은 좋은 자리를 찾기 위해 이리저리로 움직였다. 앨리스는 태어나서 처음 보는 개기 일식이 매우 신비로웠다. 개기 일식이 진행되는 동안 하늘은 점점 어두워졌고, 태양의 전체가 가려지는 순간 세상은 마치 깜깜한 밤과 같이

어두워졌다.

개기 일식을 관찰하는 사람들 중 노랑 머리에 키가 큰 사람이 유난히 열심히 천체 망원경으로 개기 일식 장면을 관측하고 있었다. 그는 천체 망원경에 부착된 카메라를 태양에 고정시키고 계속 사진을 찍었다. 잠시 후 그는 큰 환호성을 지르며 말했다.

"와, 드디어 사진을 찍었어! 뉴턴 경, 대성공입니다. 이제, 지난번에 찍었던 사진과 비교만 하면 됩니다."

알고 보니 그는 뉴턴의 조수로 일하는 에딩턴 박사였다. 에딩턴의 기뻐하는 소리를 듣고도 뉴턴은 함께 기뻐하지 않았다. 왜냐하면 에딩턴의 관측이 성공했다면, 평생 자신이 주장해 온 이론은 틀린 것이 되어버리기 때문이다. 에딩턴도 곧 그 사실을 깨닫고 금세 목소리를 낮추었다.

"뉴턴 경, 미안합니다. 제가 너무 정신없이 기뻐해서. 혹시 기분이 나쁘셨다면 죄송합니다."

에딩턴은 정중히 사과했다.

"아닐세, 새로운 과학이 탄생하는 순간인데. 오래된 나의 이론은 이제 새로운 과학 이론으로 바뀌어야 한다고 생각하네. 나의 명예를 위해서 과학이 존재하는 것은 아니지. 아무튼 축하하네."

중력의 나라에서 개기 일식이 일어난 날, 뉴턴과 에딩턴이 했던 실험의 내용은 다음과 같다.

개기 일식은 태양을 지나는 빛이 휘어진다는 사실을 증명하는 데 좋은 기회이다. 평소에는 태양의 밝은 빛 때문에 그 뒤에서 오는 별빛을

볼 수가 없지만, 개기 일식이 일어날 때면 하늘이 깜깜해져 태양 근처에 있는 별을 볼 수가 있다. 관측의 핵심은 태양이 있을 때와 없을 때 태양 근처의 별이 보이는 위치의 차이를 측정하는 것이었다. 부지런한 에딩턴은 태양이 없을 때, 별의 위치를 사진으로 미리 찍어 두었다. 그리고 이를 개기 일식이 일어났을 때의 별의 위치를 찍은 사진과 비교하였다. 그 결과, 별의 위치가 달랐다. 이것은 별에서 오는 빛이 태양 근처를 지나면서 휘어졌기 때문에 나타나는 결과였다. 뉴턴의 물리학이 지평선 너머로 지는 태양처럼 사라지는 순간이었다.

그런데 문제는 어느 누구도 태양을 지나는 빛이 휘어지는 원인을 설명하지 못하는 것이었다. 뉴턴과 에딩턴도 그 원인을 알 수 없었다. 그래서 아인슈타인을 초대한 것이었다.

"아인슈타인 박사, 이 현상을 과학적으로 설명해 줄 수 있겠나?"

뉴턴은 진지하게 물었다.

"그럼요. 원인은 간단합니다."

뉴턴은 고민 끝에 질문했는데, 아인슈타인은 문제 될 것 없다는 듯 대수롭지 않게 대답했다.

"그것은 태양의 중력 때문이지요."

"나도 그럴 것이라고 생각했지만, 자네도 알다시피 빛은 질량이 없지 않은가? 그런데 어떻게 빛이 중력의 영향을 받는다고 할 수 있는가? 나의 만유인력 이론으로는 도저히 설명이 되질 않네."

뉴턴은 그동안 고민을 많이 한 듯했다.

"만유인력의 법칙에 의하면 중력이 질량 때문에 생기는 것으로 알고 있는데, 사실은 그것이 아니지요. 중력은 공간이 구부러지기 때문에 생기는 힘이에요. 예를 들어, 지구는 질량이 매우 큰 물체이기 때문에 지구가 있는 곳의 우주 공간이 구부러지고, 그 구부러진 곳으로 사과가 이동하기 때문에 우리 눈에는 사과가 떨어지는 것으로 보이는 거죠."

카시니 호의 전파 실험

2002년 여름 토성을 향해 가던 토성 탐사선 카시니 호는 태양을 중간에 두고 지구와 정반대편에 있었다. 카시니 호는 지구를 향해 전파를 발사했다. 그 전파는 직선으로 지구에 도달하지 않고 태양의 영향으로 휘어져 지구로 왔다. 이 때문에 전파는 직선으로 오는 시간보다 더 많은 시간이 걸렸다. 이때 과학자들은 100만분의 20의 오차로 아인슈타인의 예측이 맞아떨어지는 것을 확인했다.

토성과 토성의 위성 타이탄을 탐사하기 위해 미국 항공우주국(NASA)과 유럽 우주기구(ESA)가 공동 개발하여 1997년 10월 20일 발사한 토성탐사선 카시니(Cassini) 호.

아인슈타인이 뉴턴의 사과를 생각하며 설명했다. 그러나 아무도 아인슈타인의 말에 금방 고개를 끄덕이지 않았다. 왜냐하면 공간이 구부러진다는 말이 쉽게 이해되지 않았기 때문이다. 그러자 아인슈타인은 간단한 실험으로 그것을 보여 주겠다고 했다.

"앨리스, 지금 신고 있는 스타킹을 내게 줄 수 있겠니?"

앨리스는 아인슈타인의 갑작스런 부탁에 당황했다. 스타킹이 필요한 까닭도 알 수 없었고, 점잖은 숙녀 체면에 신고 있던 스타킹을 주는 것도 그리 내키지 않았다. 하지만 주위 분위기가 워낙 진지해서 뭐라고 말도 못하고 나무 뒤로 가서 스타킹을 벗어 왔다. 앨리스는 아인슈타인에게 스타킹을 주면서, 혹시 발 냄새가 나지 않을까 걱정이 되었다.

아인슈타인은 아무렇지 않게 스타킹을 받아들고는 가위로 싹둑싹둑 자르더니 넓게 폈다. 그리고 앨리스, 체셔 고양이, 꼬마 빌, 쐐기벌레에게 스타킹 사방 끝을 잡고 서 있어 달라고 말했다. 그러고는 주변에서 큰 돌멩이를 구해 와 스타킹 한가운데에 놓았다. 그러자 돌이 놓인 부분의 스타킹이 밑으로 처졌다. 아인슈타인은 주머니에서 작은 구슬을 꺼내 스타킹 위에 살짝 내려놓았다. 작은 구슬은 또르르 굴러 돌멩이가 있는 처진 곳으로 굴러 들어갔다.

"뉴턴 경, 앨리스의 검정 스타킹은 우주 공간이고, 돌은 지구이며, 작은 구슬은 사과라고 생각하시면 됩니다. 즉, 지구에 의해 우주 공간이 구부러지고, 그 구부러진 만큼 중력이 생기며, 여기에 구슬이 굴러가는 것이지요."

차근차근 이어지는 아인슈타인의 설명에 머리가 뛰어난 뉴턴은 그제

야 알겠다는 듯 손뼉을 치며 고개를 끄덕였다.

"그러니까 가운데 돌을 태양이라고 생각한다면 작은 구슬은 빛이라고 생각할 수 있다는 건가?"

"그렇지요. 빛이 휘어져 움직이는 것은 태양이 우주 공간을 구부렸기 때문입니다. 이제 이해하시겠지요?"

뉴턴은 아인슈타인의 설명에 감탄했다.

"자네는 정말 천재군. 어떻게 그런 생각을 다 하게 되었나? 태양이나 지구와 같은 천체가 우주 공간을 구부리고, 그 구부러진 것 때문에 중력이 생기고, 빛이 휘어진다는 사실을 밝혀 내다니, 정말 놀랍군. 대단해, 정말 대단해."

뉴턴과 에딩턴은 자신들의 고민을 아주 간단하게 해결한 아인슈타인을 두고 입이 마르도록 칭찬하였다.

앨리스는 아인슈타인의 설명을 들으면서, 이상한 나라에 오기 전에 하굣길에 보았던 '트램펄린'을 떠올렸다. 트램펄린이란 흔히 '방방이'라고도 부르는 놀이 기구로, 탄력성이 있는 천을 넓게 펴서 그 끝을 틀에 고정시킨 기구이다. 아이들은 주인에게 500원씩 내고 그 위에서 방방 뛰며 놀았다. 그러다가 가끔 아주 뚱뚱한 아이들이 그 위에 올라서면 모두 그 아이 쪽으로 미끄러져 내려가거나 쓰러졌다. 앨리스는 우리 우주가 마치 트램펄린과 같은 곳이라고 생각했다.

뉴턴이 나지막한 소리로 주위 사람들에게 말했다.

"사람들은 내가 만유인력을 발견한 이후 모두 중력이라는 힘의 존재와 그 역할을 알게 되었으나 왜 중력이 생기는지는 알지 못했지. 그런데 오늘 이렇게 아인슈타인 박사가 그 원인을 밝혀 주어 정말 고맙다네. '물질이 우주 공간을 구부리고 그 구부러진 공간 속에서 물질이 운동하는데, 그 결과 중력이 생기는 것이다.' 아인슈타인 박사의 이 이론은 이제 새로운 과학의 기초가 될 것이 분명해."

뉴턴은 자신이 아인슈타인을 초대한 것이 정말 잘한 일이라고 자축하며 크게 한 턱을 내겠다며 모두 자신의 집으로 초대했다. 아인슈타인과 앨리스 일행은 뉴턴의 집에서 평생 잊지 못할 융숭한 대접을 받았다.

이상한 나라의 여덟 번째 이야기

체셔 고양이와 쐐기벌레, 블랙홀에 빠지다

체셔 고양이와 쐐기벌레, 블랙홀에 빠지다

중력의 나라에서 뉴턴은 중력에 관한 연구를 하는 것 외에, 큰 사과 농장을 운영하고 있었다. 만유인력을 발견했을 때, 사과에서 아이디어를 얻은 인연 때문인지, 뉴턴은 유난히 사과를 좋아했다.

뉴턴이 준비한 저녁 식사에는 사과가 들어 있는 요리가 대부분이었다. 사과 나박김치, 사과 구절판, 사과 김밥, 사과 냉채 등등. 심지어 고추장도 사과로 만든 사과 고추장이었다. 다양한 사과 요리에 신이 난 것은 쐐기벌레였다. 쐐기벌레는 좋아하던 담배도 끊고, 아예 큰 사과 안에 들어가 살았다.

이런 모습을 보던 아인슈타인이 한마디 했다.

“쐐기벌레가 블랙홀에 빠져들어갔다가 웜홀에 갇힌 꼴이 되었군.”

온통 사과뿐인 음식에 흥미를 잃은 앨리스는 거실에서 사과로 벌겋게 달아오른 얼굴을 마사지하고 있었는데, 블랙홀, 웜홀이라는 낯선 말에 귀가 솔깃해졌다.

“저 큰 사과의 표면을 우리 우주의 일부라고 하면, 쐐기벌레가 들어가는 구멍은 블랙홀, 쐐기벌레가 지나가는 길은 웜홀, 나오는 구멍은 화이트홀이라고 할 수 있어. 어떤 과학자는 웜홀을 통하면 다른 우주로 갈 수 있다고도 했지.”

“블랙홀(Black hole)은 ‘검은 구멍’이라는 뜻 같은데, 우주에 검은 구멍이 있다는 거예요?”

어느새 앨리스는 식탁 옆으로 왔다.

“글쎄. 말하자면 검은 구멍이라고도 할 수 있지만, 블랙홀을 단순히 구멍이라고 할 수는 없어. 블랙홀은 한마디로 모든 것을 빨아들이는 곳이니까. 그곳은 빛도 빠져 나올 수 없고, 시간도 정지되는 곳이야.”

“무슨 말인지 도대체 알 수 없군. 좀더 쉽게 설명할 수 없나?”

계속해서 사과 요리를 만드느라고 조리대 앞에 서 있던 뉴턴이 식탁 쪽으로 오면서 물었다. 앨리스는 뉴턴의 말에 큰 위안을 얻었다. 위대한 과학자인 뉴턴도 블랙홀에 대해서 모르기는 마찬가지였기 때문이다. 그래서 용기를 내어 모든 사람들이 알아듣기 쉽게 이야기해달라고 말했다.

잠시 후 거실은 아인슈타인과 뉴턴, 체셔 고양이가 설명에 필요한

실험 도구를 만드느라고 분주해졌다. 재료는 간단했다. 지난번에 앨리스가 신던 스타킹과 나무로 된 부서진 식탁이었다. 앨리스는 자신의 스타킹이 또다시 나오자 부끄러웠다.

"아인슈타인 아저씨, 여태껏 그걸 가지고 계셨어요?"

"그럼, 내가 오늘 같은 날이 올 줄 알고 버리지 않았지."

아인슈타인은 부서진 식탁을 뒤집어 놓고 식탁 다리 네 개에 스타킹을 펼쳐 걸쳤다. 체셔 고양이와 뉴턴은 스타킹이 미끄러지지 않도록 압정으로 고정시켰다. 다 만들고 보니, 지난번 태양 주위를 지나는 빛이 휘는 까닭을 설명할 때 만든 것과 비슷했다.

"자, 다 만들었어. 지금 우리가 만든 것을 우주 공간의 일부라고 생각하고, 이 위에 쇠구슬을 하나 올려보자. 어떻게 될까?"

아인슈타인은 쇠구슬을 스타킹 위에 올려놓았다. 쇠구슬은 떼구르르 굴러 가운데에서 멈추었고, 쇠구슬의 무게로 가운데가 밑으로 처졌다.

"여기까지는 지난번에 본 것과 같은 거야. 앨리스가 지난번에 배웠던 내용을 다시 정리해볼까?"

아인슈타인은 앨리스가 설명해보도록 기회를 주었다.

"네, 스타킹은 펼쳐진 우주 공간이고, 쇠구슬은 질량을 가진 별과 같은 천체라고 할 수 있어요. 그리고 스타킹이 밑으로 처진 것은 별의 질량 때문에 공간이 구부러진 것을 나타낸 것이고, 여기에 작은 유리구슬을 놓으면 쇠구슬로 향해 가는데, 이것은 공간이 구부러져 발생하는 중력 때문에 일어나는 일이에요."

앨리스는 자신 있게 말했다.

"그래, 아주 잘했어."

아인슈타인은 분필을 꺼내더니 검정 스타킹에 하얀 선을 그었다. 하얀 선을 직선으로 그었으나, 쇠구슬이 내려간 곳을 지날 때는 휘어졌다. 아인슈타인은, 쇠구슬 주위는 공간이 굽어졌기 때문에 빛이 직선으로 가려고 해도 휘어질 수밖에 없다면서 중력에 의해 빛이 휘어지는 것을 설명했다. 그런 후에 무게가 훨씬 더 나가는 큰 쇠구슬을 스타킹 위에 또 올려놓았다. 그러자 스타킹이 밑으로 출렁 내려갔다.

"그러면 이렇게 아주 무거운 쇠구슬을 놓았을 때는 어떤 일이 일어날까?"

아인슈타인이 또 다른 문제를 내놓자 모두들 모여들어 실험 모형을

자세히 들여다보았다. 쇠구슬이 아래로 축 늘어진 곳을 지나던 하얀 선이 중간부터 끝이 보이지 않았다. 아무도 대답을 하지 못하고 아인슈타인의 입만 쳐다보았다.

“이것은 블랙홀을 보여주는 모형이야. 가운데 있는 쇠구슬이 크고 무거울수록 빛은 더 많이 휘어지고, 결국에는 빛마저 그 속에 끌려 들어가 빠져 나오지 못하게 되지.”

“에이, 믿을 수 없어요. 실제로 그런 것이 어디 있어요? 괜히 재미있으라고 하시는 이야기지요?”

앨리스는 빛마저 빠져 나올 수 없고 시간도 멈춘다는 블랙홀의 존재를 믿을 수 없었다.

“아니야, 블랙홀은 실제로 존재하는 천체야. 예를 들어 우리가 살고

있는 지구가 직경이 1cm인 구슬보다 작은 천체가 되거나, 태양의 반지름이 3km보다 작아진다면 얼마든지 블랙홀이 될 수 있어. 그리고 얼마 전에 백조자리에서 블랙홀이 발견되었단다."

"아니에요. 믿을 수 없어요."

앨리스는 있을 수 없는 일이라며 우겼다.

"그러면 블랙홀에 가볼까?"

뉴턴이 장난 삼아 말했다.

"그래요. 직접 가보면 정말 있는지 없는지 알 수 있겠네요."

체셔 고양이가 뉴턴을 거들었다. 이렇게 해서 앨리스와 친구들은 블랙홀 여행을 하게 되었다.

블랙홀의 발견

아인슈타인은 1905년 특수 상대성 이론을 발표한 후, 10여 년이 지난 1916년에 일반 상대성 이론을 발표했다. 그리고 얼마 있지 않아 독일의 천문학자 슈바르츠실트는 아인슈타인의 일반 상대성을 표현한 방정식을 연구하다가 "아주 강력한 중력을 지닌 천체 주위에서는 블랙홀과 같은 전혀 새로운 형태의 영역이 존재할 수 있다."라는 연구 결과를 발표했다. 다시 말해 블랙홀은 아인슈타인이 먼저 말한 것이 아니라, 아인슈타인의 식을 풀이하는 과정에서 다른 과학자가 발견한 것이다. 아인슈타인도 처음에는 블랙홀의 존재를 의심했다고 한다.

블랙홀의 발견 역사

· 1783년 – 영국의 과학자 미첼은 우주에는 빛이 탈출할 수 없는 천체가 존재할 가능성이 있다고 제안했다.
· 1916년 – 아인슈타인이 일반 상대성 이론으로 빛이 중력에 의해 휘어질 수 있음을 증명했다. 그리고 같은 해 독일의 슈바르츠실트가 아인슈타인의 방정식으로 블랙홀이 존재함을 증명했다.
· 1965년 – 블랙홀로 추정되는 천체가 백조자리의 한 별에서 발견되었고, 1971년에 그 천체가 블랙홀임이 밝혀졌다.
· 1969년 – 영국의 과학자 휠러가 '블랙홀'이라는 용어를 처음 사용했다.
· 1974년 – 영국의 과학자 호킹은 블랙홀도 다른 천체처럼 빛을 낼 수 있다고 주장했다.

블랙홀의 발견

1960년대부터 블랙홀이 존재할 것이라는 확신을 가지게 된 과학자들은 우주 어디에 숨어 있을 블랙홀을 찾는 일에 착수했다. 과학자들은 이름 그대로 검은 구멍인 블랙홀을 발견하기 위해 많은 연구를 하였는데, 그 단서를 쌍성에서 찾았다. 쌍성이란 서로 공전하고 있는 두 개의 별을 말하는 것인데, 쌍성 중 한 개의 별이 블랙홀이 된다면 나머지 별의 물질을 끌어들일 것으로 추정했다. 이때 물질이 빛에 가까운 속도로 블랙홀로 빨려들 때는 강력한 X–선을 발산하는 것을 알게 되었는데, 문제는 이 X–선이 지구에서는 관측되지 않는다는 데 있었다. X–선은 지구의 대기권을 통과하지 못했기 때문이다. 그래서 과학자들은 X–선을 검출할 수 있는 망원경을 실은 우주선을 지구 대기권 밖으로 보낼 계획을 세웠다. 1970년 미국의 NASA는 우후루(Uhuru, 아프리카 말로 '자유'를 뜻한다.)라는 이름의 관측 위성을 발사했고, 이 관측 위성은 약 3년 동안 지구 주위를 돌면서 X–선을 내는 천체를 300개 이상 발견했다. 최초의 블랙홀 추정 천체는 '백조 X–1'인데, 발견된 곳이 백조자리였기 때문에 이런 이름이 붙었다.

블랙홀 여행을 위해 앨리스와 친구들은 알바트로스 호를 탔다. 아인슈타인은 백조자리 근처에 블랙홀이 있다고 말했지만 정확한 위치는 알지 못했다. 그러나 다행히 알바트로스 호에 탑재되어 있는 슈퍼컴퓨터로 백조자리에 있는 블랙홀의 위치를 찾을 수 있었다.

위치를 파악한 알바트로스 호는 속도를 높이겠다는 신호를 보냈다. 그러자 체셔 고양이가 지난번 빛의 나라로 갈 때 먹었던 까만 약병을 내놓았다. 알바트로스 호가 빛의 속도에 근접한 빠르기로 날아가기 위해서는 탑승객들의 몸무게가 0이 되어야 하기 때문이다. 몸무게가 0이 되지 않으면 알바트로스 호가 빛의 속도로 날아갈 때 몸무게에 짓눌려 죽을 수도 있다는 것을 앨리스는 지난번 안드로메다은하 여행에서 호되게 체험했다.

"앨리스, 이번에는 불량품이 아닐 테니 걱정하지 말고 먹어."

체셔 고양이는 일행 모두에게 물약을 나눠주었다. 잠시 후, 알바트로

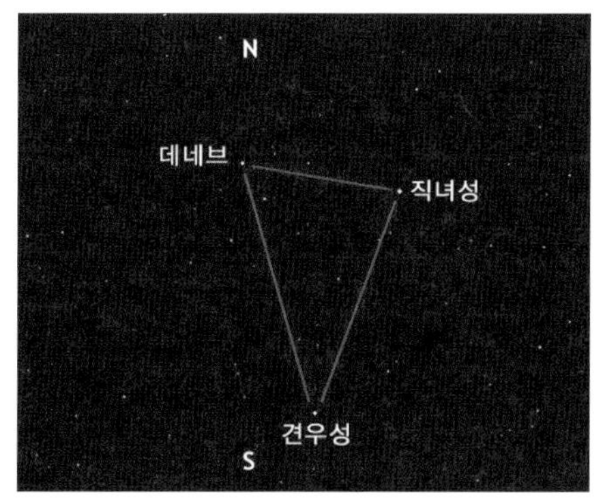

여름철 은하수를 중심으로 가장 밝은 별 셋을 찾아 이으면 큰 삼각형이 되는데, 그 삼각형 꼭대기의 별 데네브가 있는 곳이 백조자리이다.

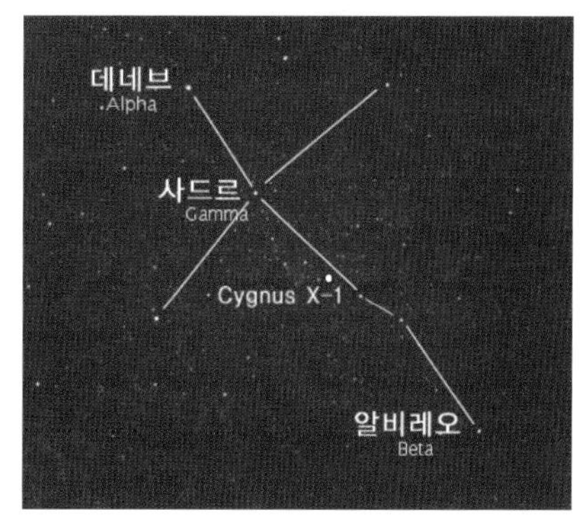

백조자리는 큰 십자(十字)형을 그리고 있다. Cygnus X-1로 표시된 곳이 최초의 블랙홀이 발견된 곳이다.

스 호는 엄청나게 빠른 속도로 하늘을 향해 날았다.

"자, 가는 동안 그냥 시간을 보내지 말고, 블랙홀이 어떻게 만들어지는지 가르쳐 주게나."

여러 가지가 궁금했던 뉴턴이 아인슈타인에게 말했다. 아인슈타인은 알바트로스 호가 블랙홀을 향해 가고 있는 동안에 블랙홀이 어떻게 해서 만들어지는지 설명해주었다.

"사람이 아기로 태어나서 나이가 들면 죽듯이 별도 탄생과 죽음이 있단다. 블랙홀은 별이 죽은 뒤 남은 무덤과 같은 것이지. 그러나 모든 별이 죽은 뒤 블랙홀이 되는 것은 아니야. 블랙홀이 되기 위해서는 적어도 태양보다 3배 이상 커야 해. 과학자들은 별의 크기가 태양보다 3배 이상 클 경우에는 수명을 다한 후에 블랙홀이 된다는 것을 다음과 같은 과정으로 설명할 수 있어."

1. 별의 탄생

우주 공간 중 물질의 밀도가 상대적으로 높은 곳(과학자들은 이를 '성운'이라고 부른다.)에서 중력에 의해 물질이 점점 모여들고 압축되면서 온도가 올라가 아기별이 탄생한다. 그러나 모든 아기별이 어른별이 되는 것은 아니고, 아기별이 어른별로 되기 위해서는 중심부의 온도가 핵반응이 일어날 정도로 높아야 한다. 핵반응에 의해 많은 양의 빛과 열이 방출되면서 별로서 자격을 갖추게 된다.

2. 별의 수명

별의 수명은 별의 크기에 따라 다르다. 처음부터 작은 별은 자신이 가지고 있는 에너지를 천천히 내보내고, 오랫동안 빛을 내면서 긴 수명을 가진다. 반면에 별이 크면 클수록 한꺼번에 많은 에너지를 내보내기 때문에 수명이 짧다. 한마디로 작은 별은 가늘고 길게 사는 반면, 큰 별은 굵고 짧게 사는 것이다.

독수리성운(M16) 속의 별 탄생. 수소 기체와 먼지로 이루어진 거대한 먼지 기둥들 끝에서 새로운 별들이 태어나고 있다.

3. 별의 성장

별이 자신이 가지고 있는 에너지를 다 쓸 무렵, 별의 중심부는 오그라들고 뜨거워지는 반면에 바깥쪽은 급격하게 팽창하면서 식는다. 지구에서 보면 이러한 별은 매우 크고 붉게 보이기 때문에 과학자들은 이를 '적색 거성'이라고 부른다. 만약 태양이 이 단계에 이르면 지구는 태양의 범위 안에 들어가게 되어 타서 없어질 것이다. 적색 거성의 단계가 지나면 별의 크기에 따라 '백색 왜성', '초신성'의 단계를 거친다.

4. 별의 죽음

과학자들의 계산에 따르면, 태양보다 작거나 비슷한 크기의 별은 작고 검은 별(흑색 왜성)이 되고, 태양보다 1.4배 이상 큰 별은 중성자 별이 된다. 그러나 태양보다 3배 이상 큰 별은 블랙홀이 된다고 한다. 중력이 너무나 크기 때문에 빛도 탈출하지 못하고 시간마저 멈추는, 상상하기 힘든 천체인 블랙홀이 탄생하는 것이다.

1987년 2월 23일 우리은하로부터 16만 광년 거리에 있는 대마젤란성운 내 청백색 초거성(Sk-69° 202)이 초신성 폭발을 일으켰다. 왼쪽 사진은 초신성 폭발 전의 모습이고, 오른쪽 사진은 초신성 폭발 후의 모습이다.

별의 일생 이야기
모든 별은 비슷한 방법으로 탄생합니다.
우주공간에서 물질의 밀도가 상대적으로 높은 곳에서 물질이 모여들어…
텁
안녕 같이살자
압력
압력
압력
압력
압력
으으~ 열받아…!
응애
아기 별이 탄생해요.
하지만 모든 아기 별이 어른 별이 되진 않아요.
중심부의 온도가 1000℃보다 높아져 핵 반응으로 많은 양의 열과 빛을 내야 해요.
번쩍
흐아압!! 커져라 힘!!!
가늘고 길—게
별의 수명은 작은 별일수록 오래 가요.
흥! 난 굵고 짧게 살 거야!
그렇게 적색거성으로 변한 늙은 별은 결국 폭발하는데요…
으악~
펑
으하핫!! 난 환생을 했도다!
안돼
아이구~ 이상해 속이 오그라드는 느낌이야… 피부도 딱딱한 것 같고….
팅팅
힘을 그렇게 쓰더니!
팅팅
에너지를 다 쓴 별은 내부가 오그라들고 외부가 팽창하면서 식어가지요.
태양보다 3배 이상 컸던 별은 블랙홀로 변해서 일생을 끝마쳐요.

얼마가 지났을까, 알바트로스 호의 중력 측정 계기판에 빨간 등이 들어오고, "삐- 삐-." 위험 신호가 울렸다. 엄청난 크기의 중력이 측정되고 있었다.

"Cygnus X-1이 가까워지고 있는 모양이군. 이제 속도를 줄여야겠어."

계기판을 보던 아인슈타인이 이렇게 말하자, 체셔 고양이가 알바트로스 호의 운항 컴퓨터에 명령을 내렸다.

"알바트로스 호, 속도를 줄여라."

알바트로스 호의 속도는 점점 줄었다. 하지만 눈앞에는 아무것도 보이지 않았다. 블랙홀은 말 그대로 검은 구멍이기 때문에 눈에는 보이지 않았다. 그러자 아인슈타인이 말했다.

"알바트로스 호! X선 망원경을 작동하고, 우리 눈에 보이도록 변환장치를 가동시키도록."

그러자 알바트로스 호의 대형 모니터에는 드디어 블랙홀의 실체가 나타났다. 블랙홀은 가까이에 있는 별로부터 엄청난 양의 물질을 빨아들이고 있었다.

일행은 거대한 블랙홀이 무엇이든지 빨아들이고 있는 모습에서 큰 두려움을 느꼈다. 알바트로스 호도 위험을 파악했는지 더 이상 접근하지 않았다. 이를 보던 뉴턴이 먼저 소형 탐사선을 보내자고 제안하였다. 그러나 아무도 소형 탐사선을 타고 블랙홀 근처에 가려고 하지 않았다. 결국 가위 바위 보로 뽑기로 했고, 체셔 고양이와 쐐기벌레가 당첨되었다.

체셔 고양이가 소형 탐사선의 선장이 되고, 쐐기벌레가 탐사원이 되

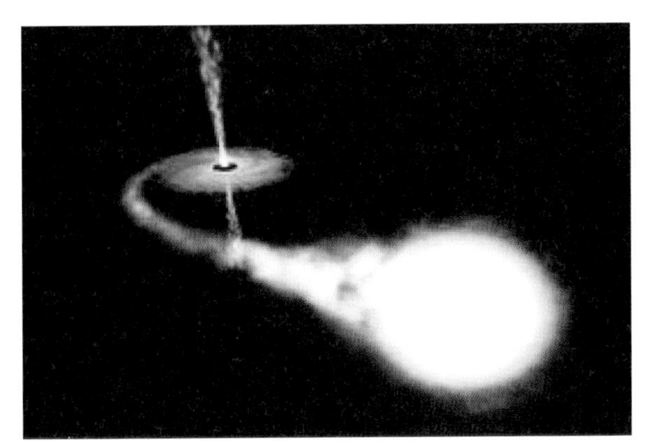

블랙홀을 상상하여 그린 그래픽 그림. 블랙홀은 옆에 있는 별로부터 물질을 끌어당기는 현상으로 발견할 수 있다.

어 소형 탐사선에 탑승했다. 체셔 고양이는 히죽거리고 웃었으나 쐐기벌레는 "괜히 따라왔다."며 계속 투덜댔다. 나머지 일행은 대형 모니터에 나타난 소형 탐사선의 블랙홀 탐사 여행을 지켜보았다.

체셔 고양이와 쐐기벌레가 탄 소형 탐사선은 처음에는 로켓 추진력을 이용해서 출발했지만 나중에는 블랙홀의 중력에 이끌리어 저절로 블랙홀로 이동했다. 그런데 어느 순간부터는 아주 천천히 이동하는 것 같았다. 앨리스는 걱정이 되었다.

"소형 탐사선이 고장 났나봐요. 너무 천천히 가고 있잖아요."

"그래, 아무래도 고장이 났나본데. 저렇게 천천히 가서 어느 세월에 블랙홀에 도착하겠어?"

뉴턴도 함께 걱정하며 말했다. 그러나 아인슈타인의 생각은 달랐다.

"뉴턴 경, 소형 탐사선은 제대로 가고 있습니다. 다만 블랙홀의 중력이 너무 커서 그런 거예요. 탐사선은 아주 빠른 속도로 블랙홀로 끌려 들어가고 있는데, 블랙홀에서는 빛도 시간도 천천히 가기 때문에 그렇게 보이는 것뿐이에요. 소형 탐사선 꼬리에 있는 등을 보세요. 보통 꼬리 등의 하얀 불빛은 1초에 한 번씩 깜빡거리는데 지금은 아주 오랜 시간 후에 깜빡거리잖아요?"

"아니야. 탐사선은 고장이 난 것이 틀림없어요. 그러니까 꼬리 등도 제대로 깜빡거리지 않는 거예요."

앨리스는 자신의 생각이 틀림없다고 확신했다.

"아니라니깐!"

아인슈타인도 이에 질세라 자신 있게 대답했다.

이런 실랑이를 벌이는 동안 소형 탐사선은 멈추어 버렸다. 더 이상 움직이지 않고 그 모양 그대로 우주 공간에 정지해 있는 것처럼 보였다.

"봐. 이제는 완전히 정지해 버렸네. 정말 고장이 났구나."

뉴턴도 알바트로스 호 안에서 이리저리 왔다갔다 하며 근심스럽게 말했다.

"참, 제 말을 믿지 못하시네. 지금 탐사선이 있는 곳은 블랙홀과 이 우주의 경계선인 '사건의 지평선'이라는 곳이에요. 시간과 빛이 정지되는 곳이지요. 그래서 저기에 멈춰 있는 것처럼 보이는 거예요. 사실은 지금쯤 아주 빠른 속도로 블랙홀의 중심을 향해 날아가고 있을 거예요."

하지만 그 누구도 아인슈타인의 말을 믿지 않고 눈으로 보이는 현상만 믿었다.

"이를 어쩌지. 안 되겠다. 우리가 가 봐야겠다."

뉴턴은 알바트로스 호에 명령하여, 알바트로스 호를 소형 탐사선이

있는 곳으로 출발시켰다. 처음 알바트로스 호는 블랙홀 가까이 가기를 거부했으나 뉴턴이 재차 명령하고 강제 운항을 명령하자 움직이기 시작했다. 그러자 그동안 조용히 있던 꼬마 빌이 사색이 되어 말했다.

"아이고, 이제 우리는 다 죽었네. 이를 어쩌나. 장가도 못 가보고, 여기서 총각 도마뱀 귀신으로 죽는구나."

알바트로스 호는 소형 탐사선을 따라 블랙홀로 갔다. 그런데 이상하게도 얼마 전까지 멈춰 서 있던 탐사선이 보이질 않았다.

"아니, 체셔 고양이와 쐐기벌레가 탄 우주선이 보이질 않네? 조금 전까지는 있었는데?"

앨리스가 이상하다는 듯이 말했다.

"진짜네?"

뉴턴도 이상한 느낌이 들었다.

"제가 뭐라고 그랬습니까? 소형 탐사선은 이미 블랙홀 중심으로 떨어졌다니까요."

그 순간 알바트로스 호도 빠른 속도로 이동하기 시작했다. 아인슈타인은 조마조마했다. '이러다가 블랙홀 중심으로 떨어지면 모든 것이 점으로 압축되어 찌그러질 텐데……. 특이점이라 불리는 곳은, 질량은 무한대로 커지지만 공간은 없는 곳으로 알려진 곳인데……. 이제는 작은 점보다 못한 것이 되어 세상을 하직하겠구나.' 아인슈타인은 눈을 감은 채 다가올 마지막 순간을 떨리는 마음으로 준비했다.

그런데 우주선은 짜부러지지 않았고, 모두는 무사했다. 알바트로스 호는 다행히도 '아인슈타인-로젠 다리'라고 불리는 아주 특별한 통로에 들어선 것이었다.

아인슈타인-로젠 다리

아인슈타인이 상대성 이론을 생각해 냈을 때, 그는 블랙홀이 존재할 수 있다고 믿지 않았다. 그래서 다른 과학자들이 블랙홀들이 존재한다는 것을 증명했을 때 그는 다소 발끈했고, 블랙홀에 관한 모든 것이 밝혀지면 그것으로 다른 과학자들을 이기기로 결심했다. 그는 네이선 로젠이라는 과학자와 함께 연구를 하여 아주 놀라운 사실을 발견했다. 우주 공간의 다른 지역과 혹은 완전히 다른 우주와도 연결되도록 블랙홀의 바닥이 열릴 수 있다는 것이다. 블랙홀을 통과하는 이 통로를 아인슈타인-로젠 다리, 혹은 웜홀(worm hole, 벌레 구멍)이라고 부른다.

아인슈타인은 알바트로스 호가 웜홀에 들어선 것을 깨달았다. 다

행히 알바트로스 호가 들어선 웜홀은 닫히지 않고 우주선이 다 빠져 나갈 때까지 열려 있었다.

"불행 중 다행이야. 지금 우리는 웜홀을 지나고 있어. 곧 화이트홀을 통해 빠져나갈 수 있을 거야."

아인슈타인은 일행을 안심시키기 위해 상황을 설명해 주었다.

잠시 후 우주선은 빠른 속도로 저 멀리 보이는 밝은 곳을 향해 나아가기 시작했다. 화이트 홀로 나가는 중이었다. 아인슈타인의 예상은 맞았다. 체셔 고양이와 쐐기벌레가 탄 소형 탐사선과, 앨리스와 아인슈타인 일행이 탄 알바트로스 호는 블랙홀에 빠졌지만 무사히 웜홀을 지나 화이트홀로 빠져 나온 것이었다.

이상한 나라의 아홉 번째 이야기

앨리스,
다시 미래로 가다

앨리스, 다시 미래로 가다

"안녕, 앨리스! 금방 따라왔네?"

쐐기벌레가 반갑게 인사했다. 체셔 고양이도 쐐기벌레 뒤에서 빙그레 웃으며 서 있었다.

"아니 이곳은 어디야? 어디서 많이 본 곳인데……."

앨리스는 두리번거리며 체셔 고양이에게 물었다.

"여기? 하트 여왕의 정원이잖아."

체셔 고양이가 대답했다.

"아니, 어떻게 된 거야? 우리가 어떻게 이곳으로 왔지?"

뉴턴도 황당한 듯 물었다. 앨리스, 뉴턴, 꼬마 빌 모두가 현재 자신들의 위치에 어리둥절하였다. 하트 여왕의 정원에서는 카드 병사들이 훈

련을 받고 있었는데, 그 사이로 소형 탐사선과 알바트로스 호가 차례로 착륙한 것이었다. 카드 병사들의 훈련을 담당한 카드 장교가 벌써 앨리스 일행 때문에 훈련을 망쳤다고 보고를 하여, 저쪽에서 하트 여왕이 못생긴 공작부인과 함께 씩씩거리며 오고 있었다.

"너희들 다 죽었어! 병사들, 저들의 목을 쳐라!"

하트 여왕은 큰소리로 외쳤다.

"그리고, 너 아인슈타인 빨리 내 빚을 갚아라!"

하트 여왕은 아인슈타인을 보자 다짜고짜 멱살을 잡고 말했다. 태도가 돌변한 하트 여왕 때문에 아인슈타인과 앨리스 일행은 당황했다.

"아인슈타인 아저씨, 우리가 아무래도 과거로 왔나 봐요. 이를 어쩌지요?"

눈치 빠른 체셔 고양이가 말했다.

체셔 고양이의 말이 옳았다. 빛의 나라에서 안드로메다은하로 갔다 오면서 며칠 시간을 벌었는데, 다시 중력의 나라에서 블랙홀에 빠진 후 화이트홀로 나오면서 다시 원래 시간으로 되돌아온 것이었다.

"저자는 또 누구야? 누군데 내 허락도 없이 내 정원에 들어온 거야? 병사들, 저자도 잡아들여라!"

하트 여왕은 뉴턴을 보자 더욱 길길이 날뛰었다.

민첩한 체셔 고양이는 하트 여왕이 안 보는 때를 틈 타 옆에 있던 나무 위로 숨어버렸고, 체셔 고양이의 등 뒤에 있고 있던 꼬마 빌도 체셔 고양이와 함께 숨었다. 쐐기벌레는 땅에 떨어져 있던 뉴턴의 사과 속으로 숨어버렸다. 이렇게 해서 앨리스, 아인슈타인, 뉴턴만 카드 병사들에게 둘러싸여 체포당하였고, 하트 여왕이 주관하는 재판정에 서게 되었다.

재판은 그날 저녁에 하트 여왕의 궁전에서 열렸다. 앨리스, 아인슈타인, 뉴턴이 도착했을 때, 하트 여왕은 재판정 앞쪽에 화가 난 얼굴로 앉아 있었고, 그 옆으로 수염이 멋있게 난 하트 왕이 근엄하게 앉아 있었다. 그리고 온갖 종류의 새와 짐승, 한 무리의 카드 병사들이 왕과 여왕을 둘러싸고 있었다. 하트 여왕 바로 옆에는 하얀 토끼가 있었는데, 토끼는 한쪽 손에는 트럼펫을, 다른 손에는 양피지 두루마리를 들고 있었다.

여왕 옆에서 이것저것을 지시받던 하얀 토끼가 앞으로 나오자 웅성이던 재판정은 일순간 조용해졌다. 하얀 토끼는 양피지 두루마리를 펼쳐 세 사람의 죄목을 읽었다.

"아인슈타인은 하트 여왕으로부터 연구비를 얻어 쓰고, 빨리 달리면 길이가 줄어들고, 시간이 늘어난다는 이상한 유언비어를 퍼뜨린 죄, 앨리스는 무례하게도 하트 여왕을 상징하는 하트 모양의 파이를 맛있게 먹은 죄, 뉴턴은 허락도 없이 하트 여왕의 정원을 침입한 죄로 재판을 받게 되었습니다."

하얀 토끼는 거만하게 죄목을 읽은 후 한쪽 손에 든 트럼펫을 힘차게 불어 재판의 시작을 알렸다.

앨리스는 한번도 법정에 가본 적이 없었기 때문에 몹시 긴장되어 다리가 덜덜 떨렸다. 아인슈타인은 억울하다는 듯 얼굴을 찌푸리고 서 있었고, 뉴턴은 이게 무슨 일인가 하는 어리둥절한 표정으로 재판장을 두

리번거렸다.

12명의 배심원들은 열심히 칠판에 뭔가를 기록하고 있었다.

"무엇을 저렇게 열심히 쓰고 있을까요? 아직 재판이 시작되지도 않았는데……, 쓸 일이 없을 텐데요."

앨리스가 근심스런 표정으로 말했다.

"자기들 이름을 쓰고 있는 중이야. 재판이 끝나기 전에 잊어버릴지도 모르기 때문이지."

옆에 있던 아인슈타인이 나지막이 말했다.

"정말 바보 같은 것들이군요!"

화가 난 앨리스는 자기도 모르게 큰 소리로 말했다. 이 소리를 들은 하얀 토끼는 앨리스를 향해 "법정에서는 떠들지 마시오!"라고 소리쳤고, 앨리스는 깜짝 놀라 얼른 입을 닫았다.

"빨리 판결을 내려라. 그리고 저들의 목을 쳐라 !"

기다림에 지친 하트 여왕이 하얀 토끼를 향해 소리쳤다. 그러자 하얀 토끼가 나서며 말했다.

"하트 여왕 전하! 아직은 안 됩니다. 증인들의 증언을 들어야 합니다."

이어서 증인들이 줄줄이 나왔고 그들은 앨리스, 아인슈타인, 뉴턴의 죄에 대해 증언을 했다. 하지만 모두들 처음 본 사람들이었다. 그리고 모두 지어낸 엉터리 이야기를 했다. 아무도 앨리스, 아인슈타인, 뉴턴의 말을 들어주지 않았다. 이렇게 해서 엉터리 같은 1차 재판이 끝이 났다. 앨리스와 아인슈타인, 뉴턴은 하트 여왕의 궁전에 있는 지하 감옥으로 끌려갔다.

세 사람은 지하 감옥에 앉아 천장 쪽 조그마한 창문으로 보이는 밤하늘을 바라보았다. 세 명 모두 알 수 없는 재판 결과 때문에 걱정이 되어 잠을 이룰 수 없었다.

그렇게 한참을 앉아 있는데 창문 밖에서 이상한 울음소리가 들렸다. 그것은 귀에 익숙한 고양이 울음소리였다.

"아인슈타인 아저씨, 체셔 고양이가 왔나 봐요."

잠시 후 쐐기벌레가 꾸물거리며 지하 감옥 창문의 쇠창살 사이로 기어 들어왔다.

"앨리스, 아인슈타인, 뉴턴 아저씨 안녕하셨어요? 우리가 구하러 왔어요. 어서 도망갈 준비를 하세요."

쐐기벌레는 행동만큼이나 말도 느리게 했다.

"어떻게 여기를 나가?"

답답한 뉴턴이 말했다.

"이 버섯을 먹으세요. 이 버섯을 먹으면 몸이 길고 가늘어져요."

쐐기벌레 뒤를 이어 들어온 꼬마 빌이 말했다. 앨리스와 아인슈타인, 뉴턴 세 사람 모두 꼬마 빌이 준 버섯을 먹자 몸이 뱀처럼 가늘어졌고, 그렇게 해서 아주 손쉽게 창살 사이로 빠져나올 수 있었다.

밖에서는 체셔 고양이가 알바트로스 호를 대기시켜 놓고 일행을 기다리고 있었다.

"다들 오랜만이에요. 자 얼른 타세요, 여왕한테 들켜 다시 잡히면 곤란하니까요."

일행은 알바트로스 호를 타고 하트 여왕의 궁전을 벗어났다.

"이제 어떡하죠? 이제 이상한 나라에는 다시 올 수 없을 것 같아요."

앨리스가 울먹이며 말했다.

"다시 미래로 가는 거야. 하트 여왕의 기억력은 일주일이라고 했지? 그러니까 일주일 후의 미래로 가면 될 것 아냐?"

아인슈타인은 진지한 표정으로 말했다.

"시간 여행을 하자는 건가?"

아인슈타인의 생각을 알아차린 뉴턴이 물었다.

"그렇지요. 지난번 백조자리 블랙홀에 들어갔다가 우연히 웜홀을 통과하여 화이트홀로 빠져 나왔더니 예전의 하트 여왕의 정원으로 떨어졌잖습니까? 그것처럼 이번에도 웜홀을 이용한 시간 여행을 시도해 보려고요.”

아인슈타인이 계획을 설명하였다.

“한 번 경험을 하더니 자신감이 생겼군. 그런데 웜홀을 통과하면 어떻게 시간 여행이 가능한지 알다가도 모를 일이군.”

뉴턴이 자신의 과학으로 이해가 안 되는 시간 여행에 대해 의문을 표시하자, 아인슈타인은 그 원리를 자세히 설명하였다.

아인슈타인은 쐐기벌레가 파먹어 구멍이 난 사과를 들고 말했다.

“이 사과를 잘 보세요. 쐐기벌레가 사과 표면 위를 기어 반대쪽으로 가는 것이 빠를까요? 아니면 사과를 파먹은 구멍으로 가는 것이 빠를까요?”

“그거야 당연히 구멍으로 가는 것이 빠르죠.”

앨리스는 당연한 질문을 왜 하냐는 표정을 지었다.

“맞아요. 쐐기벌레가 자신이 파먹은 구멍으로 반대쪽으로 가는 것이 훨씬 빠르죠. 이렇게 쐐기벌레가 파먹은 구멍을 웜홀(wormhole)이라고 해요. 즉, 벌레(worm)의 구멍(hole)이라는 뜻이지요.”

쐐기벌레는 자신을 벌레라고 하는 아인슈타인의 말에 기분이 상했지만 아인슈타인은 상관하지 않고 계속 설명했다.

“과학자들은 우리 우주에도 이러한 구멍이 존재한다고 생각해요. 이런 구멍을 통한다면 다른 공간으로 빨리 갈 수 있다는 것이지요. 즉, 웜홀은 우주의 지름길이라고 생각할 수 있어요.”

“그러면 그런 웜홀은 어떻게 생기는 거지?”

아인슈타인의 설명에 흥미가 생긴 뉴턴이 물었다.

“시간과 공간은 물질에 의해 구부러질 수 있어요. 충분히 큰 질량을 가진 천체가 있다면 그 중력에 의해 시간과 공간이 구부러지지요. 이때 구부러진 공간이 서로 맞닿는 부분에서 웜홀이 생긴다고 생각해요. 이 웜홀을 통하면 빛보다 더 빨리 이동할 수 있어요. 그렇다면 미래나 과거로 갈 수 있는 거지요.”

“음, 문제는 웜홀을 찾는 것이군.”

웜홀을 이용한 시간여행

웜홀을 이용한 시간 여행을 처음 생각한 사람은 아인슈타인이 아니라 미국의 물리학자 존 휠러(John Wheeler)였다. 그는 웜홀을 이용한 시간 여행의 가능성을 다음과 같이 설명했다.
“우리가 살고 있는 공간을 편평한 종이 표면이라고 가정하고, 종이 평면 위에 A와 B라는 두 점을 찍는다. 두 점 A와 B 사이를 잇는 가장 짧은 거리는 두 점 사이의 직선에 해당하지만, 종이를 구부려 두 점 A와 B를 마주 보게 겹치면 A에서 B로 바로 갈 수 있다.”

뉴턴은 턱을 괴고는 무엇인가를 골똘히 생각하는 모양으로 말했다.

"그렇지요. 우리가 필요로 하는 웜홀을 찾는 것이 가장 중요한 일이지요."

앨리스는 두 사람의 대화를 이해하기가 어려웠다. 다만 웜홀이라는 곳을 통과하면 시간 여행을 할 수 있다는 것만 알아들을 수 있었다.

아인슈타인과 뉴턴이 열심히 토론을 하는 동안에 알바트로스 호의 슈퍼컴퓨터는 열심히 블랙홀을 찾고 있었다. 웜홀을 찾기 위해서는 우선 블랙홀을 찾아야 했기 때문이다. 일주일 후의 미래로 가기에 적당한 웜홀이 있는 블랙홀을 찾기란 매우 어려운 일이었다. 그러나 이상한 나라에서 가장 성능이 우수한 슈퍼컴퓨터는 그 일을 성공적으로 해냈다. 슈퍼컴퓨터는 태양보다 질량이 약 3백 배나 큰 블랙홀을 찾아낸 것이다. 이제 알바트로스 호는 그 블랙홀로 가서 웜홀을 통과하는 일만 남았다.

알바트로스 호는 블랙홀을 향해 속도를 높였다. 블랙홀에 가까이 갈수록 중력 때문에 속도는 더욱 빨라졌다. 알바트로스 호는 웜홀을 지났고 화이트홀을 통해서 밖으로 나왔다. 화이트홀을 빠져나온 일행은 한참 동안 정신을 차릴 수 없었다. 워낙 빠른 속도로 엄청난 중력이 있는 세계를 지나왔기 때문이다.

일행이 도착한 곳은 평화로운 하트 여왕의 정원이었다. 알바트로스 호는 무사히 자신의 임무를 완수했다. 정원 건너편에는 하트 여왕이 카드 병사들의 크로케 게임을 관람하고 있었다. 카드 병사들의 크로케 공은 고슴도치였고, 크로케 채는 살아 있는 홍학이었다. 크로케 경기장

은 여기저기 홈이 패여 울퉁불퉁했다.

아인슈타인이 크로케 경기장으로 들어갔다. 하트 여왕은 손을 들어 아인슈타인에게 반갑게 인사했다. 하트 여왕은 벌써 일주일 전의 사건을 까마득히 잊고 있는 것이 분명했다. 앨리스와 아인슈타인의 시간 여행은 그 목적을 달성한 것이다.

타임머신과 시간 여행

시간 여행이라고 하면 타임머신을 먼저 생각한다. 타임머신이라는 용어는 지금으로부터 약 110년 전에 H.G. 웰스라는 사람이 쓴 《타임머신》이라는 책에서 처음 등장했다. 책에서 주인공이 빛의 속도보다 빠른 회전 운동을 일으키는 기계, 즉 타임머신을 발명하여 4차원 공간의 시간 축 방향으로 이동한다는 이야기가 나온다. 주인공이 타임머신을 타고 80만 년 미래로 가서 퇴화한 인류의 모습을 보고, 또 3000만 년 미래의 세계로 가서 인류가 멸망하고 갑각류와 같은 생물만 번성한 것을 보고 돌아온다는 이야기가 이 책의 줄거리이다.

이론적으로만 가능한 타임머신

아인슈타인의 상대성 이론에 따르면, 빛에 가까운 매우 빠른 속도로 비행을 하면 비행하는 우주선의 시간은 '시간 지연 효과'에 의해 천천히 간다. 우리는 앞에서 안드로메다은하까지 여행을 하는 데 걸리는 시간을 계산해 본 적이 있다. 따라서 우주선의 비행 속도를 정확하게 조절하면 원하는 미래 시간대로 갈 수 있다고 생각할 수 있다.

문제는, 빛에 가까운 속도로 비행할 때 우주선의 질량은 엄청나게 증가하고, 이 엄청나게 증가한 우주선을 움직이게 할 에너지를 충당하는 일이 불가능하다는 것이다. 또한 엄청난 중력을 느끼게 될 텐데 이 힘을 이길 만한 단단한 물질은 아직까지 존재하지 않는다. 그리고 상대성 이론에는 과거로 갈 수 있는 이론적 배경이 존재하지 않는다.

화이트홀(white hole)

블랙홀이 웜홀로 들어가는 입구라면 화이트홀은 웜홀을 빠져나오는 출구와 같은 구멍이다. 만약에 웜홀이 블랙홀과 블랙홀을 잇는 구멍이라면 이론적으로 모순이 된다. 왜냐하면 블랙홀이 무엇이든지 집어삼키는 구멍이라면, 반대로 무엇이든지 내놓기만 하는 구멍이 있어야 하기 때문이다. 따라서 과학자들은 이러한 역할을 하는 화이트홀이라는 개념을 생각해낸 것이다.

시간 여행의 모순 – 인과율의 원칙

아인슈타인은 시간 여행은 불가능하다고 했다. 특히, 과거로 가는 시간 여행은 '인과율의 원칙' 때문에 있을 수 없다고 했다. 아인슈타인이 말한 인과율의 원칙이란, 원인보다 결과가 앞설 수 없다는 철학적인 논리로 볼 수 있다.

인과율의 법칙은 영화 〈터미네이터〉를 통해 쉽게 이해할 수 있다. 터미네이터의 기본 줄거리를 보면, 2029년 미래의 세계는 핵전쟁으로 대부분의 사람들이 죽고 겨우 살아남은 인간들이 기계와 전쟁을 치르는데, 기계 군대의 지도자는 인간의 지도자인 존이 아예 태어나지 못하도록 사이보그 암살자에게 과거로 가서 존의 어머니인 사라를 제거하라고 명령한다. 하지만 인간 저항군도 이 사실을 알고 존의 어머니인 사라를 보호하기 위해 보호자를 과거로 보낸다. 존과 사라를 사이에 두고 암살자와 보호자는 긴박감 넘치는 싸움을 하다가 결국에는 보호자가 이긴다.

다음 만화를 통해 왜 〈터미네이터〉가 인과율의 법칙에 따라 모순적인 구조를 갖는지 살펴보자.

옆 페이지를 보세요.

시간여행의 모순
참나~ 안돼요, 글쎄!
계속 반복
미래에서 암살자가 와서 사라를 죽인다. 그래서 지도자 존은 태어나지 않았다
꺄악
액체금속
결국 인간들이 기계의 노예가 되었기 때문에 암살자를 과거로 보내지 않는다.
암살자는 그냥 쉬어.
암살자가 과거로 오지 않아 사라는 지도자 존을 낳아 기계에 저항해 싸운다.
힘내시오 동지들!
존
으윽
꺅! 이럼 안되는 건데…
암살자가 과거로 오지 않아 사라는 지도자 존을 낳아 기계에 저항해 싸운다.
힘내시오 동지들!
으윽
꺅! 암살자를 보내!!
결국 인간들이 기계의 노예가 되었기 때문에 암살자를 과거로 보내지 않는다.
암살자는 그냥 쉬어.
지도자 존을 죽이기 위해 암살자를 과거로 보내 사라를 죽인다. 그래서 존은 태어나지 않는다.
죽어랏
타타
타타
계속 반복
너무 힘들어요 아인슈타인 박사
헉헉
그러니까 말도 안된다는 거야. 이게 바로 인과율의 원칙!

평행 우주론

그러면 웜홀을 이용하여 미래나 과거로 가는 일은 완전히 불가능한 것일까? 과학자들은 그 가능성을 '평행 우주론'이라는 새로운 우주론에서 찾았다. 아인슈타인이 제기한 인과율의 원리에 어긋나지 않고, 웜홀을 통한 시간 여행이 가능하다는 것을 설명하는 것으로 우주가 여러 개 존재한다는 이론이다.

우주가 여러 개라는 생각은, 한 가지 이상의 방식으로 일어날 수 있는 모든 일들에 대해 우주의 운명은 여러 가지로 나누어진다는 것인데, 그 결과 무수히 많은 우주가 존재하게 된다. 예를 들어 어떤 우주에서는 공룡이 멸종하지 않은 채 잘 살고 있고, 어떤 우주에서는 로마가 멸망하지 않은 채 대로마 제국을 이룬 상태로 번성하고 있다는 것이다. 그러니까 앞에서 사라가 죽지 않은 우주가 있을 수 있고, 사라가 죽은 우주가 존재할 수 있다. 이런 논리라면 웜홀을 통한 시간 여행은 인과율의 원칙에 모순을 일으키지 않고 가능할 수 있다.

이 상 한　나 라 의　열　번 째　이 야 기

아인슈타인, 실수로

원자 폭탄을 만들다

아인슈타인, 실수로 원자 폭탄을 만들다

앨리스는 이상한 나라에서 모처럼 평화로운 시간을 보냈다. 체셔 고양이와 꼬마 빌과 함께 즐거운 피자 파티도 벌였고, 이상한 나라의 발라드 가수이자 무용가인 거북의 노래도 들었다. 그리고 가끔 하트 여왕과 함께 홍학으로 고슴도치를 치는 크로케 경기도 즐겼다. 그러나 시간이 갈수록 엄마, 아빠가 보고 싶어졌다. 그동안 듣기 싫었던 '빨리 일어나거라.' '학교에 가야지.' '학원 숙제는 다 했니?' '텔레비전 그만 보고 책 좀 읽어라.'는 부모님의 잔소리도 듣고 싶어졌다. 그러나 이상한 나라에서 집으로 가는 방법을 찾지 못해 집으로 갈 수가 없었다.

앨리스는 지혜로운 아인슈타인이라면 그 방법을 알 수 있을 것 같아 아인슈타인의 집으로 찾아갔다. 하지만 아인슈타인은 집에 없었다. 앨리스는 아인슈타인을 찾아 집 근처를 한참 동안 서성거렸다. 그러던 중 집 뒤편에 있는 허름한 창고에서 나는 뚝딱거리는 소리를 들었다.

그곳에 가보니 아인슈타인이 뉴턴의 도움을 받아 뭔가를 열심히 만들고 있었다. 체셔 고양이는 아인슈타인의 심부름을 하는지 분주히 움직였고, 쐐기벌레는 여전히 뉴턴의 사과 안에 들어가 있었다. 꼬마 빌은 창고 구석 천장에 붙어서 낮잠을 자고 있었다.

"뭐 하세요, 아인슈타인 아저씨?"

앨리스는 아인슈타인의 옆에 서서 물었다.

"응, 하트 여왕에게서 빌린 돈을 갚으려고 발명품을 만들고 있는 중이야. 아무래도 하트 여왕의 돈을 갚아야 안심이 될 것 같아서 말이야."

아인슈타인은 무얼 만드는지 대단히 집중하며 대답했다.

"돈을 벌기 위해서 뭔가를 만드신다고요? '뭔가'가 뭐예요?"

"응, 아직은 비밀이긴 한데, 잘만 되면 큰돈을 벌 것 같아. 일종의 에너지 발생 장치이지. 내가 연구한 과학 이론에 의하면 아주 적은 양의 물질로 엄청난 전기 에너지를 생산할 수 있어. 내 생각대로라면 이상한 나라는 이제 에너지 걱정을 할 필요가 없을 거야."

아인슈타인이 자신 있게 말했다.

"에너지 발생 장치라면, 일종의 발전기 같은 거네요?"

"그렇지. 나의 발명품이 발전소에서 전기를 생산하는 데 핵심적인 기계가 될 거야. 내 계산이 정확하다면, 1g의 물질로 매달 300와트의 전기 에너지를 소비하는 700만 가구가 1년 동안 쓸 수 있는 전기 에너지를 생산해 낼 수 있어. 어때, 대단한 발명품이 되겠지?"

"글쎄요. 1g의 물질로 그만한 에너지를 만들 수 있을까요?"

"또, 나를 믿지 못하는구먼."

아인슈타인은 자신의 말을 믿지 못하는 앨리스가 섭섭했으나 친절하게 설명해주었다.

"앨리스, 우리가 빛의 나라에서 알바트로스 호를 타고 안드로메다은하로 여행하려다가 그만둔 일을 기억하지?"

"네, 알바트로스 호의 속도가 점점 빨라질 때, 제 몸의 질량이 증가해서 그만두었지요."

"그래, 맞아. 알바트로스 호의 속도를 높이는 데 사용된 에너지가 나중에는 앨리스의 몸무게를 늘리는 효과를 가져온 거야. 나는 여기에서 에너지는 질량을 증가시킬 수 있다는 생각을 하게 되었다. 즉, 없어진 에너지만큼 질량이 생긴다는 거지. 그러면 이것이 의미하는 것은 무엇일까?"

아인슈타인은 앨리스에게 질문을 했다.

"글쎄요. 잘은 모르겠지만, 에너지와 질량은 서로 바뀔 수 있다는 것이 아닐까요?"

앨리스는 자신이 없어 머뭇거렸지만, 자신의 생각을 차분히 이야기했다.

"빙고! 맞았어. 바로 그거야. 에너지는 질량이 되고, 반대로 질량은 에너지가 될 수 있다는 거지. 다시 말해, 에너지와 질량은 본질적으로 같은 거라는 거야."

아인슈타인의 목소리는 활기에 찼다.

"그래서 말이야. 내가 에너지와 질량의 관계를 열심히 연구했어. 그리고 그 관계를 간단하게 나타내는 식을 발견하게 되었지. 이름하여 '에너지와 질량의 관계식'. 보다시피 아주 간단한 식이야."

앨리스의 호응이 있자 아인슈타인은 신이 나서 실험 일지에 '$E=mc^2$'라는 식을 써서 앨리스에게 보여주었다.

"$E=mc^2$? 무척 단순하네요. 그런데 여기에 사용된 알파벳들은 뭘 뜻하죠?"

"응, E는 에너지(Energy)의 첫 글자로 에너지를 뜻하고, m은 질량(mass)의 첫 글자로 질량을, c는 속도(celerity)의 첫 글자로 빛의 속도(광속)를 뜻해. 그러니까 에너지는 질량에 빛의 속도의 제곱을 곱한 값이라는 거지."

아인슈타인은 알파벳 하나하나를 풀어 써가며 앨리스가 이해하기 쉽게 설명했다.

“그런데 어떻게 1g의 질량이 700만 가구가 1년 동안 쓸 전기 에너지를 만들 수 있다는 거예요?”

앨리스는 아무래도 이해가 되질 않았다.

“잘 봐. $E=mc^2$ 식을 이용하면 내 말이 틀린 것이 아니라는 것을 알 수 있어.”

아인슈타인은 실험 일지에 그 계산 과정을 자세히 풀이해 주었다.

“$E=mc^2$ = (질량) × (빛의 속도) × (빛의 속도)

$=(1g) \times (3\times10^8 m/s) \times (3\times10^8 m/s)$

$=9\times10^{16} g\cdot m^2/s^2$이고,

이 에너지 값은 석탄 300백만 톤을 태울 때 나오는 열량과 같고, 전력량으로 따지면 2500만 KW와 같은 값이야. 따라서 한 달에 300W의 전력(전기 에너지)을 사용하는 가정의 수를 다음과 같이 구할 수 있단다.

2500만 KW ÷ 300W ÷ 12개월

= 25,000,000,000 W ÷ 300W ÷ 12개월

≒ 6,944,444 (가구)

결론적으로 1g의 물질을 에너지로 바꾸면, 이론적으로 약 700만 가구가 한 달에 300W의 전기를 1년 동안 쓸 수 있는 것이란다.”

“정말 그렇네요. 1g의 질량의 물질에 이렇게 엄청난 에너지가 숨어

있는지 몰랐어요. 아인슈타인 아저씨는 정말 대단해요."

앨리스는 아인슈타인의 연구에 감탄을 하였다. 그리고 설명을 끝낸 아인슈타인은 다시 일을 시작하였다.

며칠이 지났다. 드디어 아인슈타인은 위대한 발명품을 완성했다는 소식을 하얀 토끼를 통해 알려왔다. 그리고 오후에 열리는 발명품 발표회에 앨리스를 초대했다.

앨리스는 아인슈타인의 실험실로 갔다. 이미 많은 이들이 와 있었다. 하트 여왕을 비롯하여 이상한 나라에서 꽤나 이름이 난 인사들이 많이 모였다.

"저의 발명품을 보기 위해 이렇게 많은 분들이 와주셔서 대단히 고맙습니다. 이제 이상한 나라는 에너지 걱정을 하지 않아도 될 것입니다. 그럼 지금부터 질량을 전기 에너지로 변환시키는 저의 위대한 발명품을 작동하겠습니다."

아인슈타인은 기쁨에 넘쳐 발명품을 작동하는 버튼을 눌렀다. 잠시 후, 발명품에 연결된 각종 전기 장치가 움직이고, 커다란 솥의 물이 끓기 시작하고, 수천 개의 전등에 불이 켜졌다. 이를 지켜 본 이들은 모두 "와 –" 하는 함성과 함께 박수를 쳤다. 그런데 시간이 지날수록 발명품에서 엄청난 열이 나와 주위는 더운 열기로 가득 찼다. 아인슈타인은 당황하여 허둥댔다. 그것이 마지막이었다. 이어서 엄청난 폭발이 일어났고, 아인슈타인의 위대한 발명품은 폭탄이 되어 커다란 버섯구름을 내며 터졌다. 원자 폭탄이 터진 것이다.

갑자기 밖이 시끄러웠다. 누군가 앨리스의 몸을 심하게 흔들고 있었다. 엄마의 화난 목소리가 들렸다.

“야, 앨리스 너 빨리 안 일어나? 학교 가야지!”

앨리스는 엄마의 목소리에 눈을 떠 주위를 둘러보았다. 자신의 방이었다.

“너는 책에 웬 침을 그렇게 많이 흘렸어? 책이 다 젖었네.”

엄마는 화를 내며 말하였다. 앨리스는 정신을 차려 책을 보았다. 책의 표지에는 《이상한 나라의 앨리스》라고 적혀 있었다. 분명히 앨리스가 받은 책은 《이상한 나라의 아인슈타인》이었는데, 어느새 책의 제목이 바뀌어 있었다. 앨리스는 책을 펴서 이리저리 뒤져보았지만 자신이 들어갔다 나온 흔적은 어디에도 없었다. ‘빛의 나라’, ‘중력의 나라’

등과 같은 나라 이름도 보이질 않았다. 아인슈타인이나 뉴턴 등은 어느 구석에서도 찾아볼 수 없었다.

늦잠 자고 일어나자마자 책이며 이불을 뒤지는 앨리스를 보며 엄마는 혀를 쯧쯧 찼다.

"애가 얼마나 잠을 잤으면 저리 정신이 없을까? 앨리스, 얼른 가서 세수해."

앨리스는 세수를 하고 밥을 먹으면서도 이상한 나라에서 있었던 일을 생각했다. 엄마한테 '학교 다녀오겠습니다.'라는 인사를 하면서도 그게 정말 꿈이었나 싶어 인사도 대충하고 나왔다.

엄마는 그렇게 인사하며 나가는 앨리스가 걱정되었다. 좀 전 깨울 때부터 얼굴이 빨건 것이 꼭 열이 있는 애 같아 보였다. 아니, 정확하게 말하면, 거무스름한 얼굴 빛은 햇볕에 탄 것에 더 가까워 보였다. 엄마는 앨리스가 심한 감기에 걸린 것 같아 학교에서 돌아오는 대로 병원에 데려가야겠다고 생각하며 부엌으로 들어갔다.

— 부 록 —

책 밖
아인슈타인 이야기

1. 생활 속에서 이용되고 있는 아인슈타인의 과학

《이상한 나라의 아인슈타인》이라는 책 속에서 앨리스가 경험했던 일들은 꿈이었다고 하기에는 너무나 생생했다. 그래서 앨리스는 한동안 현실 세계와 책 속 세계를 혼동하였다.

한번은 앨리스가 가족과 함께 고속철도(KTX)를 타고 부산에 성묘하러 갈 때였다. 고속철도를 탄 앨리스는 열차가 출발하자, 입을 꼭 다물고 창문 밖으로 지나가는 건물과 나무들만 뚫어지게 쳐다보았다. 평소 같으면 맛난 과자를 먹으며 학교에서 있었던 일, 친구들과 지냈던 일들을 재잘재잘 얘기했을 텐데, 그날따라 창밖에 뭐가 있는지 창밖만 뚫어져라 쳐다보았다. 엄마는 그런 앨리스가 걱정되었다.

"앨리스! 어디 아프니?"

하지만 앨리스는 엄마의 물음이 들리지 않는지 여전히 밖만 쳐다보았다. 이번에는 보다 못한 지혜가 앨리스의 팔을 흔들며 물었다.

"야! 앨리스, 너 지금 뭐 해? 정신 차려!"

그러자 앨리스는 어리둥절한 표정을 하고는 지혜를 쳐다보았다.

"언니 왜 그래? 무슨 일 있어?"

이 말을 들은 지혜는 태도가 갑자기 달라진 동생이 걱정되었다.

"엄마, 아무래도 앨리스가 이상해졌어."

지혜는 이렇게 말하고는 앨리스 옆에서 쿨쿨 자고 있는 아빠를 흔들어 깨웠다.

"아빠! 앨리스가 아무래도 제 정신이 아닌가 봐요."

아빠는 자세를 바꿔 앉으며 말했다.

"냅둬. 사춘긴가 보지. 너도 작년에 저랬어."

그리고 다시 잠을 자기 시작했다.

부산역에 도착한 후에도 앨리스는 이상한 행동을 했다. 엄마 아빠가 짐을 나눠 드는 동안 자기 손목에 있는 시계와 부산역 광장에 있는 시계를 번갈아 쳐다보며 한참을 서 있었다. 그런 후에는 고개를 갸우뚱거리며 "이상해, 아무래도 이상해."라고 중얼거렸다. 이를 지켜보던 지혜가 안 되겠는지 앨리스의 팔을 낚아채며 말했다.

"얘가 또 병이 도졌네! 이상하긴 뭐가 이상해. 엄마 아빠 먼저 가시잖아, 빨리 가자."

지혜는 앨리스의 손목을 잡고는 저 앞에 택시를 잡으러 가는 부모님의 뒤를 따라 걸음을 재촉했다. 어려서부터 앨리스는 엉뚱한 짓을 많이 했기 때문에 혼자 길을 잘 잃었고 그래서 지혜는 언제부터인가 어딜 가려면 앨리스부터 챙겼다.

앨리스가 부산에 오는 동안 계속 고민했던 것은 고속철도를 타고 갈 때 바깥 건물에 아무런 변화가 생기지 않는 것과 고속철도에서 내렸을 때 자신의 시계와 부산역 광장의 시계의 시각이 일치한다는 점이었다. 이상한 나라에서 아인슈타인은 빠른 속도로 움직이면 건물의 가로 길이가 줄어들고 시간은 천천히 간다고 했는데, 빠르게 달리는 고속철도를 탔는데도 아무런 변화가 일어나지 않았다. 앨리스는 '그렇다면 아인슈타인 아저씨가 말한 일들이 현실 세계에서는 일어나지 않는 걸까?'라는 생각이 들었다.

할머니 댁에 도착한 앨리스는 할머니가 해 준 맛있는 저녁을 먹고 조용히 밖으로 나왔다. 맑은 봄 저녁 하늘은 편안해보였고, 별자리들이 아름답게 빛나고 있었다.

"앨리스 어딜 가니? 아빠랑 산책이나 할까?"

뒤돌아보니 아빠가 뒷짐을 지고 걸어오고 있었다. 아빠는 언제부터였는지 계속 앨리스를 지켜보고 있었던 것이다. 앨리스는 그런 아빠가 반가웠다. 아빠는 언제나 앨리스 편이고, 앨리스의 말과 행동을 잘 이해해주었기 때문이다. 뿐만 아니라 아빠는 과학에 대해 많은 것을 알고 있어 앨리스가 묻는 물음에 막힘없이 답을 해주었다. 앨리스는 이때가 기회다 싶어 말문을 열었다.

"아빠, 지금부터 하는 이야기를 웃지 말고 잘 들어주세요. 끝까지 들으셔야 해요. 중간에 웃거나 하시면 화낼 거예요."

"무슨 이야기니? 한번 들어보자꾸나? 아무래도 그 이야기 속에 요즘 우리 앨리스를 괴롭히는 일이 들어 있을 것 같은데."

앨리스는 아빠의 다정한 대답에 용기를 내어 《이상한 나라의 아인슈타인》이라는 책을 받은 것부터 시작해, 책 속의 세계에서 아인슈타인, 체셔 고양이, 꼬마 빌, 하얀 토끼, 하트 여왕 등을 만나서 겪었던 일들을 자세히 얘기하였다. 앨리스 자신도 말하면서 좀 어처구니없는 얘기라고 생각했지만, 다행히 아빠는 앨리스가 말을 마칠 때까지 진지하게 들어 주었다.

"아, 그런 일이 있었구나? 덕분에 과학 공부는 잘 했네. 아인슈타인의 상대성 이론은 매우 어려운 과학인데 말이야."

아빠는 앨리스의 말을 듣고 오히려 격려해주었다. 아빠의 격려에 힘이 난 앨리스는 오늘 고속철도를 타고 오면서 고민했던 문제들을 말하였다.

"그런데, 아빠. 오늘 고속열차를 타고 오면서 계속 상대성 이론을 생각했는데요. 아무래도 틀린 것 같아요."

"뭐가 틀렸어?"

"하나도 맞는 것이 없었어요. 고속철도는 굉장히 빠르잖아요. 그러면 고속철도에서 밖을 내다보면 건물이나 나무들이 조금이라도 홀쭉해져야 하는데, 전혀 그렇지 않았어요. 그리고 또 부산역에 도착했을 때, 부산역 광장의 시계와 제 시계의 시각이 똑같았거든요. 그러니까 아무래도 상대성 이론은 틀렸거나, 아니면 현실 세계에서는 적용되지 않는 것 같아요."

아빠는 앨리스의 생각을 듣고, 다음과 같이 말하였다.

"아니란다. 그것은 고속전철의 속도가 상대성 이론을 적용하기에 너무 느려서 그래. 상대성 이론을 적용하려면 아주 빨라야 하거든. 예를 들면 인공위성이 지구를 공전하는 속도 정도는 되어야 한단다."

아빠의 설명은 계속되었다. 아빠는 앨리스가 이해하기 쉽도록 쉬운 말로 설명하고, 덧붙여 아인슈타인의 과학 이론들이 우리 생활 속에서 어떻게 이용되는지를 이야기해 주었다.

핸드폰에 있는 길 찾기 메뉴 이야기

아빠는 호주머니에 있는 핸드폰을 꺼냈다. 그리고 핸드폰의 메뉴를 눌러, 길 찾기 지도를 선택했다.

"앨리스! 여기를 봐라. 여기 핸드폰에 지도가 있지? 우리 지난번에 이 지도에 나타난 길을 보고 단양에 있는 온천으로 놀러갔던 거 기억하니?"

"네. 우리 차에는 네비게이션 장치가 없어서, 아빠 핸드폰에 있는 네비게이션 기능을 이용했지요. 그런데요?"

"자동차에 부착된 네비게이션이나 핸드폰 길 찾기 메뉴가 모두 아인슈타인의 상대성 원리를 이용하고 있단다."

"네? 그건 무슨 말씀이세요?"

앨리스는 핸드폰에 아인슈타인의 상대성 원리가 응용되고 있다는 얘기에 깜짝 놀랐다.

"물론 핸드폰은 아인슈타인이 만든 것이 아니고, 네비게이션 시스템도 아인슈타인이 만든 것이 아니지만, 분명히 여기에는 아인슈타인의 상대성 이론이 숨어 있단다."

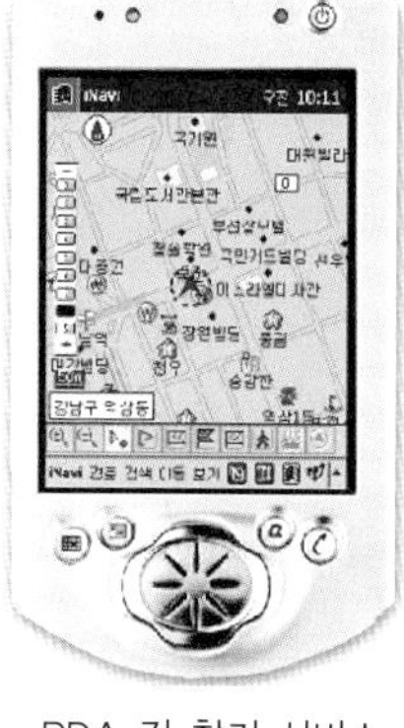
PDA 길 찾기 서비스

아빠는 놀란 토끼 눈을 한 앨리스의 모습에 웃으며 말하였다.

"먼저 이것을 알려면, 네비게이션 시스템이 어떤 것인지부터 알아야 해. 그럼 하나하나 알아보자. 자, 네비게이션이란, 지도 데이터가 들어 있는 장비에 GPS 신호를 받을 수 있는 GPS 안테나를 달아서, 이 신호를 가지고 현재 위치를 지도상에 표시하고, 이를 기초로 목적지까지 길을 안내해주는 기계야."

"아빠, 그런데 GPS가 뭐예요?"

앨리스는 GPS라는 생소한 단어에 고개를 갸웃했다.

"네가 물을 줄 알았다. GPS란 말이다. 위성 항법 장치, Global Positioning System을 줄인 말인데, 하늘에 떠 있는 24개의 인공위성을 이용하여 비행기나 배, 자동차, 그리고 핸드폰 등의 위치를 정확히 알려주는 시스템이란다."

"그런데 GPS 어디에 아인슈타인의 과학이 숨어 있나요?"

앨리스는 궁금증을 참을 수 없었다.

"GPS에서 가장 중요한 자료는 시간과 거리인데, 시간과 거리에 오차가 클수록 정확도가 떨어지기 때문이지. 그래서 GPS 인공위성에는 세 개의 원자시계가 탑재되어 있고, 아주 정확한 시간을 측정할 수 있어. 그래서 아무리 속도가 빠른 비행기나 자동차라 하더라도 초속 3cm 정도밖에 오차가 나질 않아. 매우 정확한 거지. 그런데 문제는 인공위성 안에 있는 원자시계와 지상에 있는 원자시계의 시간이 차이가 난다는 거야."

"네? 인공위성에 있는 원자시계와 지상에 있는 원자시계는 같은 것이잖아요?"

"그렇지, 같은 거지. 그런데 시간차가 생겨."

"왜 그래요?"

"앨리스, 잘 생각해 봐. 네가 알바트로스 호로 안드로메다은하에 갈

때에 시간이 늦게 간다는 것을 경험했었지? 그리고 그것이 아인슈타인의 상대성 원리에 따라서 빠른 속도로 이동할 때 시간이 천천히 가기 때문이라는 것도 배웠고?"

GPS(위성항법장치, Global Positioning System)

자동차, 비행기, 선박 등의 위치를 인공위성을 이용하여 정확하게 알려주는 장치이다. GPS 수신기로 세 개 이상의 위성에서 측정한 정확한 시간과 거리 데이터를 받아, 삼각법으로 지금의 위치를 정확하게 계산할 수 있다.
인공위성을 이용한 GPS 시스템은 미국 국방성 주도로 개발되었으며, 현재는 24개의 위성 망으로 구성되어 있다. 이들 인공위성은 지표에서 2만 200km 상공에 떠 있다.
GPS는 단순한 위치 정보뿐 아니라, 항공기의 교통 통제, 유조선의 충돌 방지, 대형 토목 공사의 정밀 측량, 지도 제작 등에 사용되고 있으며, 핸드폰의 위치 추적 장치도 이 시스템을 이용하고 있다.

"네, 그래요. 그래서 안드로메다은하까지 약 7일 만에 다녀올 수 있다고 했어요. 제 몸무게가 늘지 않았다면 아마 안드로메다은하까지 다녀왔을지도 몰라요."

"그렇지. 마찬가지로 인공위성도 알바트로스 호보다는 느리지만 빠르게 이동하고 있어. 따라서 그 인공위성 안에 있는 원자시계는 지상보다 조금 느리게 간단다."

"어느 정도로요?"

"음……, GPS의 인공위성들은 시속 약 14,000 km의 속도로 지구를 공전하고 있는데, 이 정도의 속도라면 하루에 7밀리 초(1밀리초＝1/1000초)씩 느리게 가게 되지."

"그러면 GPS 시스템도 모두 하루에 7밀리 초씩 느리게 가는 건가요?"

앨리스는 자세한 아빠의 설명에 더욱 호기심이 생겼다.

"아니야. 여기에는 속도 외에도 중력 효과가 작용하고 있어."

"시간에 무슨 중력 효과가 작용해요?"

"너, 블랙홀과 같이 중력이 강한 천체에 가까이 가면 시간이 느리게 간다는 것을 배웠다면서?"

"네, 알바트로스 호로 블랙홀 근처에 갔을 때, 시간이 아주 느리게 갔었어요."

"그렇지. 그렇다면 중력이 적어지면 어떻게 되겠니?"

"반대로 시간이 빨리 가겠지요."

"맞았어. 바로 그거야. GPS 인공위성은 지구에서 약 20,200 km 정도 떨어져 있어. 그러니까 지구 표면에서의 중력보다 아주 적은 중력을

받고 있는 셈이지. 약 1/4 정도의 중력이 작용한다고 해. 이렇게 되면 인공위성에 있는 원자시계는 지구에 있는 원자시계보다 하루에 약 45밀리 초나 빨리 가게 되는 거야."

"그렇다면 속도 때문에 7밀리 초 늦게 가고, 약한 중력 때문에 45밀리 초 빨리 가게 되는 거니까, 결론적으로 약 38밀리 초 빨리 가는 거네요."

"그렇지. 그래서 GPS 시스템을 이용하는 장비들은 매일 38밀리 초씩 빨리 가는 셈이지. 이것은 정확성을 생명으로 하는 GPS 시스템에서 큰 문제가 되는 거야. 만약에 이 시간의 차이를 조정하지 못한다면 비행기들이 공중에서 서로 부딪힐 수도 있고, 유조선이 충돌하여 대형 사고가 날 수도 있어. 그래서 과학자들은 GPS 시스템의 시간이 매일 38밀리 초씩 늦게 가도록 조정하고 있단다. 이 시간을 계산할 때에 아인슈타인의 상대성 이론을 이용하는 거지. 알겠니?"

"네. 아인슈타인의 상대성 이론이 이렇게 우리 생활 가까운 곳에서 이용되고 있다는 것을 처음 알았어요. 와~, 아빠는 이 많은 것들을 어떻게 아셨어요? 역시 우리 아빠 최고야!!"

디지털 카메라와 음주 측정기에 숨은 아인슈타인의 과학

앨리스네 가족은 성묘를 다녀 온 후 시간이 남아 할머니 댁에서 가까운 동래산성으로 소풍을 갔다. 지혜는 얼마 전에 생일 선물로 받은 디지털 카메라로 동래산성 여기저기를 찍었다. 앨리스도 언니가 가지고 있는 신형 디지털 카메라로 사진을 찍고 싶었는데, 깍쟁이 언니는 한 번도 빌려 주지 않았다. 하는 수 없이 앨리스는 휴대폰에 있는 카메라를 이용하여 사진을 찍었다. 하지만 앨리스가 가지고 있는 핸드폰의 카메라는 50만 화소밖에 되질 않아 500만 화소로 찍은 언니의 사진과 차이가 많이 났다. 심통이 난 앨리스는 카메라를 두고 언니와 다투었고, 결국에는 엄마한테 크게 혼이 났다.

소풍을 끝내고 동래산성을 내려오는 길에 화가 잔뜩 난 앨리스는 가족들을 뒤로 한 채 혼자서 터벅터벅 산길을 내려왔다. 한참이나 걸었을까, 뒤에서 인기척이 나 뒤를 돌아보니 아빠가 어느새 등 뒤에 서 있었다. 엄마와 언니는 저 뒤에서 수다를 떨며 내려오고 있었다.

"앨리스, 아직도 화가 풀리지 않았니? 웬만하면 화를 풀지 그래?"

아빠의 한마디에 앨리스는 그제야 입을 열었다.

"언니는 정말 심술쟁이야. 디지털 카메라도 자기 돈으로 산 것도 아니면서……, 가족이 함께 써야지……, 언니 미워."

아빠는 앨리스의 화를 풀어주려고 화제를 바꾸었다.

"앨리스 재미있는 이야길 해 줄까?"

"무슨 이야기요?"

"디지털 카메라에 숨어 있는 아인슈타인의 과학 이야기인데……"

앨리스는 아인슈타인이라는 말이 나오자, 눈을 반짝였다.

"아빠! 디지털 카메라를 아인슈타인이 발명했나요?"

"아니. 아인슈타인이 살았던 시대에는 디지털 카메라는 없었지. 그런데 디지털 카메라에서 가장 중요한 부품이 아인슈타인의 과학을 응용한 거야."

"그래요? 그러면 빨리 말해 주세요, 네?"

어느새 언니와 다툰 일을 잊은 듯, 앨리스는 아빠의 팔을 잡고 재촉했다.

"앨리스, 언니가 가지고 있는 디지털 카메라와 네가 가지고 있는 휴대폰 카메라의 화소가 다른 건 알고 있지?"

"네, 언니 것은 500만 화소이고, 제 것은 50만 화소예요."

"그러면 그게 어떤 차이를 나타내는 건지 알고 있니?"

"화소가 많으면 사진의 질이 좋은 것은 아는데, 자세히는 몰라요."

아빠는 앨리스와 함께 천천히 걸으면서 디지털 카메라에 숨어 있는 아인슈타인의 과학에 대해 이야기해주었다.

"아인슈타인은 말이다. 상대성 원리 외에도 많은 과학 업적을 남겼어. 1921년 노벨상을 받을 때도 사실, 상대성 원리로 받은 것은 아니었어."

"네, 꿈을 꾼 후 아인슈타인에 대해서 알아보았는데, '광전 효과'라고 하는 것으로 노벨상을 받았다고 나와 있었어요."

"그래 맞아. 아인슈타인의 상대성 이론은 당시 노벨상을 심사하던 과학자들도 이해하기 어려운 것이었고, 또 증명이 되지 않는 이론이었기 때문에 노벨상을 주기 어려웠단다. 그런데 아인슈타인은 상대성 원리 외에도 아주 획기적인 과학 이론을 발표했는데, 그 중 하나가 바로 광전 효과라고 하는 거야."

"그런데 광전 효과가 뭐예요?"

"응, 광전 효과란, 간단히 말하면, 빛 알갱이인 광자가 금속판에 부딪히면, 금속에 있던 전자가 튕겨나가는 현상을 말한단다. 그런데 디지털 카메라와 휴대폰 카메라 안에는 능률적으로 이러한 광전 효과를 내는 부품이 들어 있어. 그것은 CCD라고 하는 장치인데, 전문가들은 어려운 말로 전하결합소자라고 불러."

아빠의 설명은 사실 어려웠지만, 앨리스는 집중을 하여 열심히 들었다.

광전 효과(photoelectric effect)

금속 물질 등이 빛을 흡수한 후, 자유로이 움직일 수 있는 전자를 내놓는 현상이다. 이 현상의 원인을 밝힌 공로로 아인슈타인은 1921년 노벨상을 받았다.

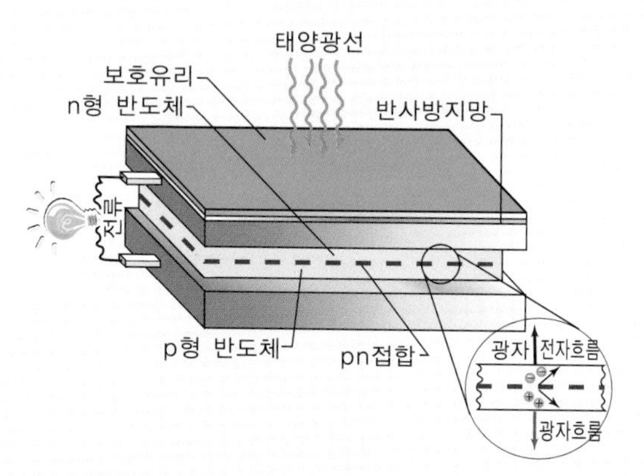

광전 효과를 응용한 태양 전지. 태양 전지판 가운데에는 금속판이 들어 있는데, 태양광선, 즉 빛 입자(광자)가 들어오면 이 금속판에 있는 전자를 움직여서 전선에 전기를 일으켜 전구를 밝힌다.

"CCD는 일종의 반도체 회로인데, 여기에는 카메라의 렌즈를 통과한 빛을 전기 신호로 바꾸는 장치가 있단다. 이 장치가 바로 아인슈타인이 발견한 광전 효과를 응용하고 있는 것이지. CCD를 자세히 보면 네모난 판 모양에 수많은 광센서가 붙어 있어. 아까, 네 언니가 가지고 있는 디지털 카메라가 500만 화소라고 했는데, 500만 화소라면 500만 개의 광센서가 붙어 있는 거지. 이 광센서에 빛 알갱이(광자)가 충돌하면 전자를 방출하여 전기 신호를 만드는 거야. 이 전기 신호가 모여서 사진 파일을 형성하는 거란다. 알겠니?"

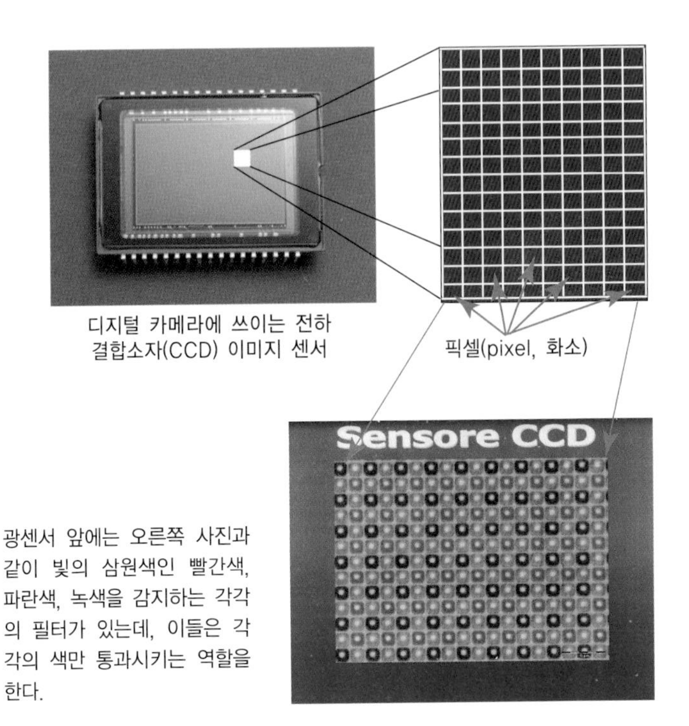

디지털 카메라에 쓰이는 전하 결합소자(CCD) 이미지 센서

픽셀(pixel, 화소)

광센서 앞에는 오른쪽 사진과 같이 빛의 삼원색인 빨간색, 파란색, 녹색을 감지하는 각각의 필터가 있는데, 이들은 각각의 색만 통과시키는 역할을 한다.

"네. 그런데 좀 어렵네요. 그러면 그 CCD는 주로 어디에 사용되고 있어요?"

"우리 주변에 아주 많이 이용되고 있단다. 예를 들면 디지털 캠코더나, 아파트 주차장이나 슈퍼마켓 등에 있는 CCTV, 그리고 태양 전지를 사용하는 고속도로 가로등이나 천체 망원경 등에 사용되고 있는데, 태양 빛이나 별빛 등을 관측하는 장치에 많이 쓰이고 있단다. 그리고 앨리스, 광전 효과는 전혀 엉뚱한 곳에서도 이용된단다."

"엉뚱한 곳요?"

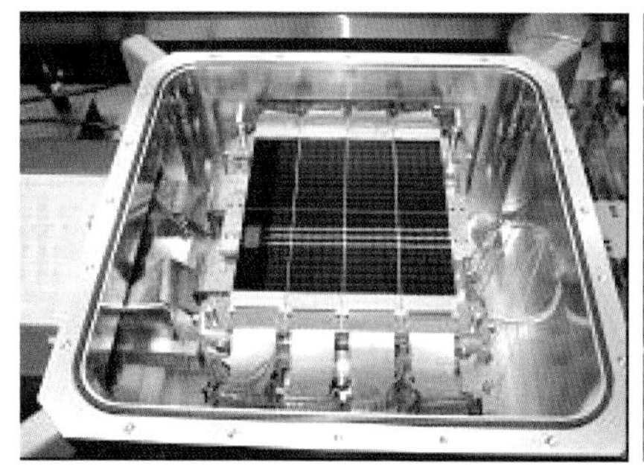
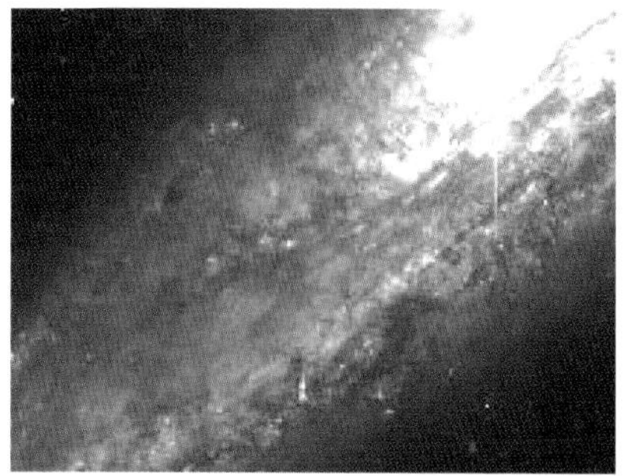

천체 망원경에 설치된 고성능 CCD 장치(왼쪽)와 이 망원경을 사용하여 찍은 외부 은하 사진(오른쪽)

"그래. 왜 가끔 저녁에 아빠랑 차 타고 가다 보면 경찰 아저씨들이 음주 단속하는 걸 봤지? 거기에도 광전 효과가 이용되고 있어."

"네? 정말요? 이 사실을 알면 술을 좋아하는 아저씨들이 아인슈타인을 미워할지도 모르겠네요, 훗훗."

"잘 들어봐. 음주 측정기 안에는 알코올과 만나면 화학 반응을 일으켜 파란색으로 변하는 기체가 들어 있어. 이 기체가 파란색이 된 상태에서, 이때 빛이 들어오면 기체 분자는 자신이 가지고 있던 전자를 내보낸단다. 일종의 광전 효과가 일어나는 거지. 그리고 이 전자가 음주 측정기 회로로 흘러들어와 알코올 농도를 측정하게 해 주는 거야. 그러니까

파란색으로 변하는 기체

음주 측정기 안에 있는 기체의 정체는 붉은색을 띤 다이크롬산칼륨이다. 이 화학 물질은 음주자의 숨 속에 포함된 알코올과 만나 산화 반응을 일으켜, 파란색의 황산크로뮴이 된다. 이 황산크로뮴에 빛을 쪼이면, 파란색의 농도가 짙을수록 전자를 많이 내놓는데, 이 전자의 에너지를 측정하면 음주 정도를 측정할 수 있는 것이다.

술을 많이 마시면 호흡할 때 알코올이 많이 나올 테고, 알코올이 많으면 기체는 더욱 파란색이 되고, 그러면 전자가 더 잘 나오니까 전류가 많이 흐르게 되지. 그러면 음주 농도가 높은 숫자로 표시되고, 경찰 아저씨가 음주운전으로 단속하는 거지."

"참 신기하네요. 알겠어요. 아빠는 술을 잘 드시지 않으니깐 걱정은 안 되는데, 혹시라도 술 드시면 절대로 운전하지 마세요. 아셨죠?"

앨리스는 디지털 카메라와 음주 측정기 속에 들어 있는 아인슈타인의 과학 이야기를 듣고 기분이 좋아졌다. 엄마와 수다를 떠느라고 아빠의 이야기를 듣지 못한 언니를 생각하니 괜히 고소했다. 아빠의 이야기 덕분에 앨리스의 마음은 풀렸고, 가족들은 이야기 꽃을 피우며 즐겁게 할머니 집으로 돌아올 수 있었다.

점을 없앨 때에도 이용되는 아인슈타인의 과학

아침부터 아빠와 엄마가 옥신각신 다투고 있었다. 평소에 잘 다투지 않는데 갑자기 다투어서 앨리스는 귀를 쫑긋 세우고 안방 쪽에다 귀를 기울였다.

"어서 일어나요. 오늘은 꼭 가야 돼요."

엄마의 목소리였다.

"이 나이에 점을 빼서는 뭐 해, 새장가 갈 것도 아닌데. 그냥 살지 뭐."

아빠의 목소리였다.

"강남에 성형외과 하는 친구가 있다면서요? 그 친구분께 가서 오늘 점을 빼고 옵시다. 친구니까 싸게 해 줄 거 아니에요? 당신 얼굴에 있는 점을 빼고 나면 십 년은 젊어 보일 거예요."

엄마의 몇 년째 계속되는 잔소리에 아빠는 더 이상 대꾸하지 않았다. 그러나 엄마도 이번에는 단단히 결심을 했는지 끈질기게 아빠를 설득하였다.

결국 아빠는 "그래. 알았어. 정말 끈질기네. 그냥 살자니까……, 얼굴에 점을 빼고 나면 열흘은 바깥출입을 못 한다고 하는데……. 아휴 귀찮아."하며 엄마의 손에 이끌려 밖으로 나갔다.

그날 오후 아빠는 얼굴 여기저기에 벌건 자국을 하고 돌아왔다. 그 모습에 엄마는 연신 호호거리며 웃었다. 하지만 엄마는 의사 친구 덕분에 공짜로 점을 다 뺀 것이 더 좋은 모양이었다. 지혜와 앨리스는 '하여

튼 엄만 공짜를 너무 좋아하신다니까.' 라는 눈짓을 서로 주고받으며 웃었다.

아빠는 엄마의 성화에 점을 빼긴 했지만, 그래도 마음이 불편한지 아무 말 없이 저녁 내내 침대에 누워 책만 보았다. 앨리스는 아빠를 위로하기 위해 침대에 나란히 누웠다.

"아빠, 많이 아팠어요?"

"응, 조금 따끔거렸어. 이제는 괜찮아."

"점 빼고 나니까 훨씬 멋있어진 것 같아요."

"뭐? 그럼, 점을 빼기 전에는 아빠가 멋있지 않았단 말이야?"

"아니? 원래 멋있는데, 더 멋있어졌다는 거죠."

앨리스는 계속 옆에 누워 쫑알거리며 아빠의 마음을 달래기 위해 노력했다. 엄마도 딸기를 씻어 와 아빠 옆에 누웠다. 아빠를 가운데 두고 왼쪽에는 엄마, 오른쪽에는 앨리스가 누워 아빠의 기분을 풀어주었다.

잠시 후 아빠는 기분이 풀렸는지 앨리스에게 말을 걸었다.

"앨리스, 점을 어떻게 빼는지 알아?"

"네. 엄마가 그러는데, 레이저로 뺀다면서요? 그런데 레이저가 어떻게 점을 빼는 거죠?"

앨리스는 궁금하여 물었다.

"사실 점을 빼는 것이 아니라 레이저를 이용해 점을 태우는 거야. 점을 만드는 검은 색소에만 흡수되는 레이저를 사용하기 때문에 다른 피부 세포는 손상시키지 않지. 그런데 여기에도 아인슈타인의 과학이 숨어 있단다."

"으잉, 얼굴 점을 빼는 데도 아인슈타인의 과학이 이용된다고요? 도대체 아인슈타인의 과학은 구석구석 이용되지 않는 곳이 없네? 정말 대단한 과학자야."

"그렇지 정말 대단한 과학자지. 실제로 레이저 기술이 이용되는 곳은 엄청나게 많단다. 작년에 서울시청 앞에서 구경했던 화려한 레이저 쇼도 아인슈타인의 과학이 없었다면 불가능한 일이었지."

점을 빼는 레이저 시술법

의학적으로 점 빼기에 가장 간편한 방법은 레이저를 이용하는 것이다. 검은 색소 부위에만 흡수되는 특정 파장의 에너지를 사용해 다른 피부 조직을 손상시키지 않고 점을 제거하기 때문이다. 성형외과 의사의 말에 따르면, 얕은 점은 탄산가스 레이저를 이용하면 쉽게 제거되고, 볼록하게 튀어나온 점은 어븀 레이저를 이용해 피부를 깎아낸 후 탄산가스 레이저로 나머지 부분을 제거한다고 한다.

"그러면 레이저라는 것을 아인슈타인이 만들었나요?"

"아니야. 아인슈타인이 직접 레이저를 만든 건 아니란다. 아인슈타인이 1917년에 발표한 논문을 보면, 빛 입자(광자)가 높은 에너지를 가진 원자를 자극하면 원자는 똑같은 빛 입자를 하나 더 내놓는다는 이론을 발표했는데, 이 이론에 따르면 한 개의 빛 입자로 같은 종류의 빛 입자의 수를 여러 개로 늘릴 수 있다는 거야. 이 원리를 이용하면 같은 종류의 빛 입자가 여러 개 모인 순수한 빛을 만들 수 있고, 빛 입자의 수가 많기 때문에 매우 강한 광선을 만들 수 있어. 이것이 바로 레이저야. 너희들 만화 영화에 보면 레이저빔으로 적을 무찌르는 장면이 많이 나오지? 그걸 처음 생각한 사람이 바로 아인슈타인이란다.

레이저는 전쟁 무기보다는 우리 생활에서 더욱 다양하게 사용되고

있어. 슈퍼마켓에서 음료수를 사거나 서점에서 책을 살 때, 점원이 바코드를 읽어서 계산을 간단히 하는 것을 보았지? 이때 바코드를 읽는 기계에서도 레이저가 나온단다. 또 문서를 출력하는 레이저 프린터에도 레이저가 이용되고, 컴퓨터 CD나 DVD도 레이저를 이용해 정보를 읽어낸단다. 따라서 현대 문명에서 레이저가 없다면 큰 어려움이 생길 거야."

이 얘기를 듣고 앨리스는 꿈속에서 아인슈타인의 과학을 자주 의심했던 일이 기억나 미안한 마음이 들었다.

우리나라 전기의 40%를 생산하는 아인슈타인

100년 만에 찾아온 더운 날씨였다. 유난히 더위를 이기지 못하는 지혜는 학교에서 오자마자 에어컨을 켰다. 찬바람이 시원하게 나오자 지혜는 "아휴, 이제는 살 것 같다." 며 얼굴을 폈다. 옆에 있던 엄마는, "이번 달 전기요금은 지혜가 반을 내야 한다."며 못마땅해 했다.

해가 떨어져도 바깥 기온은 내려가지 않았다. 엄마와 앨리스, 지혜는 거실에서 저녁 뉴스를 보았다. 남자 아나운서가 더위 소식을 전하며, 오늘밤은 열대야로 많은 시민들이 고생할 것 같다고 말하자, 옆에 있던 여자 아나운서가 아무리 덥더라도 잘 때에는 위험하니 에어컨이나 선풍기를 켜고 자지 않도록 당부했다.

그때 아빠가 들어왔다. 아빠는 한 손에 스티로폼 상자를 들고 있었다.

"아빠, 뭐예요?"

눈치 빠른 지혜가 물었다.

"뭐기는? 다 알면서."

"야! 팥빙수다."

지혜는 아빠의 손에서 스티로폼 상자를 빼앗다시피 가져와 뚜껑을 열었다. 팥빙수가 두 그릇 들어 있었다. 아빠는 팥빙수를 사올 때 가족 수대로 사오질 않고, 항상 두 그릇만 사왔다. 이유는 찬 음식을 먹으면 배앓이를 하는 앨리스 때문이었다. 그래서 되도록 찬 음식을 사오지 않는데, 날씨가 많이 더우면 찬 음식을 좋아하는 지혜와 엄마를 생각해서 가끔 팥빙수를 사오곤 했다. 아빠는 지혜와, 엄마는 앨리스와 사이좋게 팥빙수를 나누어 먹었다.

그때였다. 갑자기 텔레비전과 거실의 전등이 모두 꺼지고, 에어컨은 작동이 멈춰 찬바람이 나오지 않았다. 정전이 된 것이다. 앨리스는 부리나케 베란다로 나가 밖을 내다 보았다. 아파트 단지 전체가 깜깜했다. 엄마가 비상용 촛불을 가져와 불을 붙였고, 촛불을 가운데 두고 가족이 모여 팥빙수를 먹으면서 전기가 다시 들어오기를 기다렸다. 하지만 시간이 지나도, 열대야로 갑자기 많은 전기를 사용해서 전력 공급이 차단되었으니 잠시 기다리라는 관리 사무실의 안내 방송만 나올 뿐, 전기는 들어올 생각을 안 했다. 더위에 짜증이 난 지혜는 오늘은 일찍 잠이나 자야겠다며 자기 방으로 들어갔고, 엄마는 이열치열이라며 조깅을 하러 밖으로 나갔다.

"큰일이야. 우리나라 전력 사정이 갈수록 나빠지는 것 같아. 환경 단

체의 반대 때문에 원자력 발전도 점점 힘들어지고, 빨리 대체 에너지가 개발되어야 할 텐데.”

아빠는 걱정스럽게 말하였다. 그러자 앨리스가 물었다.

“만약에 원자력 발전소의 가동이 중단되면 우리나라 전기 사정이 많이 나빠지나요?”

“그렇지. 현재 우리나라 전력의 40% 이상을 원자력 발전소에서 생산하고 있거든.”

“아, 네……. 정말 큰일이네요. 전력이 충분하지 않으면 각 가정의 전기 사용에도 문제가 있지만, 공장 등의 산업 현장에서는 더 큰 문제라고 학교에서 배웠어요.”

“그렇지. 보통 문제가 아니야. 빨리 아인슈타인 같은 과학자가 나와야 할 텐데…… ”

갑자기 아인슈타인을 말하는 아빠의 말에 앨리스는 고개를 갸우뚱했다.

“전기가 부족한 것과 아인슈타인이 무슨 상관이 있어요?”

“상관이 많이 있지. 왜냐하면 지금 우리나라가 사용하고 있는 전력의 40%는 아인슈타인이 생산하고 있다고 해도 과언이 아니거든. 원자력 발전소를 만들 수 있는 것도 아인슈타인의 과학이 있었기 때문이지.”

“네? 그러면 우리나라의 원자력 발전소를 아인슈타인이 만들어주었나요?”

앨리스는 깜짝 놀라 물었다.

“그건 아니고, 원자력 발전소에서 전기를 생산하는 과정에서 가장 기본이 되는 원리를 아인슈타인이 발견했기 때문이야.”

“그게 뭐예요. 좀 쉽게 설명해주세요.”

“알았어. 그러면 잘 들어보렴.”

“아인슈타인이 만든 식 중에 $E = mc^2$이라는 식이 있다는 것은 알지?”

“네, 아주 유명한 식이죠.”

“그렇지. 이 식은 아인슈타인이 1905년 특수 상대성 이론을 발표할 때 함께 공개한 식인데, 식에서 E는 에너지를 의미하고, m은 질량을, c는 빛의 속도를 의미한단다. 그러니까 에너지는 질량에 빛의 속도를 제곱한 값을 곱한 것과 같다는 거지. 다시 말해 에너지와 질량은 서로 전환이 된다는 거야.”

"어, 이 얘기를 듣긴 들었는데, 정확하게 생각이 나질 않아요."

앨리스가 심각한 표정으로 말했다.

"그러면 알아듣기 쉽게 예를 들어서 말해 줄게. $E=mc^2$라는 공식은, 어떤 물질이 핵분열을 할 때 질량이 줄어드는데, 이때 줄어든 질량이 엄청난 양의 에너지로 변한다는 거야. 과학자들의 계산에 따르면, 핵분열을 했을 때 1g의 질량이 없어진다면, 이 질량은 우리와 같은 4인 가족으로 된 수백만 가정이 약 1년 동안 쓸 수 있는 에너지를 생산할 수 있다고 해."

"정말 대단해요. 1g이라면 정말 작은 양인데."

"그렇지. 대단한 발견이지. 실제로 이 원리를 이용하여 과학자들은 2차 세계대전 때 원자 폭탄을 개발했단다. 아인슈타인의 위대한 과학적 발견이 폭탄을 만드는 데 먼저 이용되었다는 것이 매우 아쉬운 일이야."

"그렇네요. 아인슈타인의 순수한 연구가 사람들의 욕심 때문에 잘못 쓰여진 거네요."

"그렇지. 하지만 그 이후, 그 원리는 원자력 발전을 하는 데 이용되어 지금까지 전 세계 사람들에게 엄청난 양의 에너지를 공급하고 있고, 그 에너지 때문에 우리가 지금과 같이 발달된 전기 문명의 혜택을 누리고 있는 거야. 아인슈타인의 업적은 한편으로는 좋은 일에 더 많이 사용되고 있다고 볼 수 있지."

"그런데 왜 환경 단체에서 원자력 발전소를 더 짓지 못하게 하죠? 이렇게 많은 에너지를 만들어 주고 있는데 말이에요."

"그것은 원자력 발전소에서 사용한 핵 물질이 사람들에게 큰 피해를 주기 때문이야. 핵 물질에 오염되면 암에 걸리기 쉽고, 기형아가 태어나기도 하거든."

"그러면 아인슈타인의 위대한 발견은 더 이상 인류에게 도움이 되지 않겠네요."

"꼭 그런 것은 아니란다. 왜냐하면 과학자들이 아인슈타인이 발견한 원리를 이용하여, 에너지를 생산하더라도 인간에게 해롭지 않은 방법을 찾았거든."

"그게 뭔데요?"

"그것은 핵융합 에너지를 생산하는 거야. 핵융합 발전은 수소 원자 네 개를 융합해 헬륨 원자 한 개를 만들면서 이때 없어지는 질량으로 엄

청난 양의 에너지를 얻을 수 있는 거야. 다행히 핵융합 발전은 원자력 발전과는 달리 해로운 방사능이 만들어지지 않고, 연료도 쉽게 구할 수 있단다. 핵융합에 사용되는 수소는 바다에 무한정으로 있기 때문이지."

"그런데 왜 핵융합 발전을 하지 않는 거죠?"

"그것은 아직 기술적으로 해결되지 않는 일들이 많기 때문이야. 핵융합을 하기 위해서는 1억 ℃ 이상의 아주 높은 온도가 필요한데, 현재의 과학 기술로 그 온도를 쉽게 만들 수 없단다."

"그것이 빨리 이루어졌으면 좋겠어요. 그러면 아인슈타인의 업적이 더욱 빛이 날 텐데 말이에요."

"그렇지. 그렇게 되면 우리 인류도 더 이상 에너지 걱정을 하지 않아도 되고, 또 핵 물질 오염으로 고통을 받지 않아도 되니까 말이야."

앨리스는 아인슈타인이라는 한 사람이 우리 인류에게 끼친 헤아릴 수 없는 큰 업적을 생각하면서, 다시 한 번 더 아인슈타인에 대한 존경심을 가지게 되었다. 그리고 한 사람의 힘이 얼마나 큰지를 새삼 느끼고, 자신도 아인슈타인 못지않게 인류 역사에 큰 공헌을 하는 과학자가 되어야겠다고 생각했다.

그때 거실이 환해졌다. 드디어 전기가 들어온 것이다. 에어컨도 다시 켜졌다. 전기가 들어오자, 방 안에서 잔다고 했던 지혜가 다시 거실로 나와 텔레비전을 켰고 연예 오락 프로그램을 찾아 채널을 이리저리로 돌렸다. 에어컨에서 찬바람이 나오자, 모두들 축 처져 있다 활기를 찾았다. 아빠는 컴퓨터를 켰고, 인터넷에 접속하여 이메일을 확인했다. 엄마는 온몸이 땀으로 젖은 채 들어와 욕실로 가서 샤워를 하였다. 앨리스

는 다시 정상으로 돌아온 생활을 보면서 전기의 소중함을 느꼈다. 또 무엇보다 그 전기를 생산하는 데 큰 공을 세운 아인슈타인에게 고마움을 느꼈다. '아인슈타인 박사님 정말 고마워요.'

2. 아인슈타인과의 가상 인터뷰

토요일 학교에서 돌아온 앨리스는 집에 들어오자마자 아빠를 찾았다. 토요 휴무제로 출근을 하지 않은 아빠는 침대에 누워 책을 보고 있었다.

“아빠, 선생님께서 과학 숙제를 내 주셨는데, 아인슈타인의 일생에 대한 조사예요. 올해가 아인슈타인이 상대성 이론을 발표한 지 100주년이 되는 해라고 하는데, 잘하면 큰상도 받을 수 있대요. 아빠, 그동안 제가 아인슈타인에 대한 공부를 많이 했으니까 아빠가 조금만 도와주시면 상을 받을 수 있을 것 같아요.”

“그래? 아빠 딸이 상이 받고 싶다고? 그러면 도와 줘야지. 그래 어떻게 도와주면 되니?”

아빠는 세수도 안한 얼굴로 부스스 침대에서 일어나며 말했다.

"제 생각에 다른 아이들과 차별성이 있어야 할 것 같아요. 그래서 학교에서 집으로 오면서 곰곰이 생각을 했는데, 아인슈타인의 일생을 인터뷰 형식으로 꾸미는 거예요. 어때요, 제 아이디어가?"

앨리스는 어깨를 으쓱하며 말했다.

"굿 아이디어! 역시 앨리스는 아빠 딸이라니깐."

그러자 옆에 있던 엄마가 흘깃 쳐다보며 혀를 끌끌 찼다.

"당신은 세수도 아직 안 했어요? 그러니까 앨리스가 저녁에 발도 닦지 않고 자잖아요. 꼭 당신을 닮았어요, 정말."

"엄마는 괜히 그래. 질투하지 마."

앨리스는 아빠의 손을 끌고 자기 방으로 갔다. 앨리스는 녹음기를 틀어 놓고 미리 준비해놓은 질문지를 꺼내 질문을 하기 시작했다. 앨리스는 기자가 되고, 과학에 척척박사인 아빠는 아인슈타인이 되었다. 앨리스와 아빠는 몇 시간 동안 방에 틀어박혀서 인터뷰 녹음을 하였고, 부녀가 뭘 하나 궁금한 엄마는 가끔씩 빼끔히 방문을 열어 보았다.

앨리스는 아빠와 한 인터뷰 내용을 예쁘게 보고서로 작성하여 제출하였는데, 대박이었다. 앨리스는 아인슈타인과의 가상인터뷰로 교내 과학 탐구대회에서 우수상을 받았다.

아인슈타인과의 인터뷰

아인슈타인의 어린 시절

어린 시절의 아인슈타인

앨리스 아인슈타인 박사님! 먼저 간단히 본인 소개를 해 주세요. 그리고 박사님은 어릴 때 말을 늦게 배워서 부모님께 큰 걱정을 끼쳐 드렸다고 하던데, 사실인가요?

아인슈타인 저는 1879년 3월 14일 독일에서 태어났고, 아버지 헤르만 아인슈타인, 어머니 파울리네 아인슈타인, 두 분 다 유태인이셨어요. 태어날 때 뒤통수가 지나치게 커서 어머니가 걱정을 많이 하셨는데, 시간이 지나자 괜찮아졌다고 해요.

말을 늦게 배웠다는 말은 유언비어예요. 그것은 제가 일부러 말을 천천히 했기 때문에 생긴 소문이에요. 저는 어릴 때, 말을 하기 전에 내가 하는 말이 완전한 문장인지 아닌지를 먼저 알기 위해 속으로 조용히 혼잣말로 연습을 하는 습관이 있었어요. 그래서 말을 할 때는 한참 뜸을 들였는데, 아마 이것 때문에 어른들이 내가 말을 제대로 하지 못한다고 걱정하셨던 것 같아요. 사실 저는 어릴 때부터 똑똑했답니다. 괜한 유언비어에 속지 마세요.

5살 무렵 과학자가 되려는 꿈을 꾸다

앨리스 과학자가 되겠다는 생각은 언제부터 하셨나요?

아인슈타인 과학자가 되겠다는 생각은 아마 다섯 살 무렵부터 한 것 같아요. 그때 아버지가 나침반을 사 주셨는데, 저는 나침반을 보고 대단히 신비롭다는 생각을 했어요. 왜냐하면 아무도 손을 대지 않았는데도 나침반의 바늘은 자신이 가리켜야 할 방향을 알고 있는 것처럼 움직였기 때문이에요. 나침반의 바늘을 움직이는 보이지 않는 신비로운 힘의 정체를 탐구하고 싶다는 생각이 오랫동안 저를 지배했는데, 그것이 제가 과학자가 되려고 했던 동기가 아니었나 싶네요.

아인슈타인과 바이올린

앨리스 박사님의 바이올린 연주 솜씨는 대단하다고 하던데요. 박사님 자신도 과학자가 되지 않았다면 음악가가 되었을 거라고 말한 적이 있었는데, 바이올린은 어떻게 배우게 되었나요?

아인슈타인 사실 처음부터 바이올린 연주를 좋아하지는 않았어요. 어머니가 음악을 매우 좋아하셔서 저에게 억지로 바이올린을 가르치셨어요. 당시에 저는 바이올린이 너무 하기 싫어서 의자를 집어 던지기도 하고, 바이올린을 가르치던 여자 선생님을 쫓아 버리기도 했어요. 하지만 어머니의 고집에 제가 이길 수 없었어요. 저는 새로운 선생님에게 바이올린을 계속 배우게 되었지요. 시간이 지난 후 돌이켜 보면, 그때 어머니께서 저에게 계속 바이올린을 가르쳐 준 일은 정말 고마운 일이라는 생각이 들어요. 공부를 하다가 힘들거나 아이디어가 잘 떠오르지 않으면 바이올린을 켜는데, 그러면 새 힘이 생기고 머리도 맑아지는 것 같거든요.

1930년에는 독일 베를린에 있는 한 유태교 교회에서 바이올린을 연주한 적이 있어요. 그 자리는 유태인 동포를 돕는 자선 연주회 자리였는데, 그때 저는 바이올린을 아주 멋있게 연주했지요.

아인슈타인이 스스로 자퇴한 이유는?

앨리스 박사님은 우리나라 중 · 고등학교 과정에 해당하는 독일의 김나지움 학교를 중간에 그만두셨다고 하던데, 왜 그랬나요? 공부가 하기 싫어서 그러셨나요?

아인슈타인 저는 독일 뮌헨에 있는 루이폴트 김나지움이라는 학교를 다녔는데, 학생들이 모두 군인처럼 제복을 입었고, 선생님을 대장님으로 부르는 등 학교 분위기가 완전히 군대와 같았어요. 저는 그런 억압적인 분위기가 너무 싫었어요.

또한 부모님이 새로운 사업을 하기 위해 이탈리아로 가셔서, 저 혼자 남아서 공부를 계속해야 하는 것도 쉽지 않았어요. 그래서 꾀를 내었지요. 우선 의사 선생님을 찾아가서 내가 신경 쇠약에 걸렸다는 진단서를 받아 내고, 수학 선생님에게 가서는 나의 수학적 능력이 더 이상 배울 것이 없다는 확인서를 받아 내었지요.

저는 진단서와 확인서를 가지고 담임선생님을 찾아갔죠. 그런데 담임선생님을 만나 보니 그 진단서와 확인서가 필요 없었다는 것을 알게 되었어요. 제가 학교를 그만두겠다고 했더니 담임선생님이 오히려, "잘 됐다. 네가 우리 반에 있으니까 영 학습 분위기가 말이 아냐. 또 너 때문에 다른 아이들도 선생님을 우습게 보는 경향이 있어."라고 하시면서 흔쾌히 자퇴를 허락해 주었거든요.

그런데 나중에 알고 보니 학교에서 쫓겨난 것이 오히려 다행이었어요. 만약 제가 1년만 더 그 학교를 다녔더라면 군대에 징집돼 군인이 되었을 거예요. 그러면 제가 살았을지도 의문이고, 그렇다면 상대성 이론도 이 세상에 태어나지 않았을지도 모르지요.

아인슈타인의 첫사랑

앨리스 박사님, 화제를 바꾸어 박사님의 첫사랑에 대해 이야기해 주세요.

아인슈타인 첫사랑이라……. 조금 부끄럽네요, 이 나이에 첫사랑을 이야기하자니.

저의 첫사랑은 연상의 여인이었어요. 저는 뮌헨의 학교에서 쫓겨나 부모님이 계신 곳으로 간 후, 스위스 아라우에 있는 칸톤 고등학교를 다녔어요. 그런데 학교가 집에서 멀어, 그 학교의 선생님인 요스트 빈텔러의 집에 하숙을 하게 되었어요. 저는 그곳에서 저의 첫사랑인 마리를 만났지요.

그녀는 저보다 2살 위였어요. 저는 마리와 함께 틈만 나면 야외로 나가 새를 구경하기도 하고, 산책도 했지요. 그리고 집에서 마리는 피아노를, 저는 바이올린을 연주하면서 사랑을 싹틔웠지요. 봄방학이 되어 부모님이 계신 집에 오게 되면 편지로 사랑을 주고받았어요.

그때 편지에 쓴 글 중에는 이런 것이 있었어요. '사랑하는 나의 작은 태양이 나를 얼마나 행복하게 하는지, 내게 얼마나 소중한 존재인지 이제야 알았다.'

지금 생각하면 정말 아름다운 추억이지요. 하지만 첫사랑은 이루어지지 않는다는 말이 사실인가 봐요. 마리와의 첫사랑은 오래가지 못했어요.

'게으른 개' 라는 별명으로 불린 이유

청년 아인슈타인

앨리스 첫사랑이 이루어지지 않은 것은 아쉬운 일이네요. 그럼, 다음 질문으로 넘어갈게요. 대학 시험에서 낙방하여 재수를 하여 겨우 들어가셨다고 하던데, 사실인가요? 그리고 대학에서 열심히 공부를 하지 않아 수학 교수로부터 '게으른 개' 라는 소리를 들으셨다는데, 여기에 대해서도 이야기해주세요.

아인슈타인 재수를 한 것은 사실이에요. 하지만 재수를 하게 된 이유는 고등학교 졸업장도 없이 남들보다 1년 일찍 대학에 들어가려 했기 때문이에요.

제가 들어간 대학은 취리히 연방공과대학이었어요. 그곳에서 저는 나름대로 공부를 열심히 했어요. 물론 사람들을 깜짝 놀라게 할 만큼 뛰어난 학생은 아니었지요. 저는 학점보다는 제가 관심을 가진 문제에 대해 집중적으로 공부를 했기 때문에 다른 학생들이나 교수들이 저를 인정하지 못했던 것 같아요. 저는 한번 생각한 문제는 의문이 풀릴 때까지 시간이 얼마가 걸리든 집요하게 물고 늘어지는 성격이 있거든요. 나중에 발표했던 '특수 상대성 이론', '일반 상대성 이론' 들도 모두 그런 저의 특별한 집중력 때문에 탄생한 이론들이에요.

저에게 '게으른 개' 라는 별명을 붙여준 사람은 헤르만 민코프스키 교수였는데, 그 교수님의 수학 실력은 인정하지만 그 교수님이 가르치셨던 것은 제가 필요로 했던 수학과 거리가 먼 것이었어요. 저는 필요로 하는 수학 외의 수학에는 크게 신경을 쓰질 않았어요. 차라리 그 시간에 물리 실험실에서 실험을 하거나 집에서 책을 읽으며 보내는 것이 좋았죠. 그런 저의 모습을 교수님은 못마땅하게 여기셨어요. 그래서 그런 별명을 붙여준 거죠.

아인슈타인의 친구 이야기

앨리스 박사님 주위에는 훌륭한 친구가 많았다고 하던데, 박사님이 생각하기에 가장 도움을 많이 주었던 친구 세 사람만 소개해 주시겠어요?

아인슈타인 글쎄, 훌륭한 친구들이 너무 많아서 쉽게 답할 수가 없네요. 아무래도 대학 다닐 때 친구들이 가장 많이 기억나네요.

그로스만이라는 친구가 있었어요. 그로스만 그 친구가 아니었으면 대학을 무사히 졸업하기 힘들었을 거예요. 그 시절 저는 수업에 빠지거나 수업 시간에 조느라고 노트 정리를 전혀 하지 못했어요. 그런데 그로스만은 매우 꼼꼼한 친구였어요. 그 친구는 시험 때마다 잘 정리된 자신의 노트를 저에게 빌려 주었어요. 저는 며칠 동안 그 노트만 보고 공부하여 무사히 대학 졸업 시험을 통과할 수 있었지요. 그로스만은 나중에 모교인 취리히 연방공과대학의 수학과 교수가 됐는데, 제가 일반 상대성 이론을 만들 때, 수학으로 저에게 많은 도움을 주었지요. 아마 제 인생에 그로스만이라는 친구가 없었다면 지금의 저는 없었을 거예요.

그리고 베소라는 친구가 있어요. 베소는 제가 대학을 졸업하고 제대로 된 직장을 얻지 못하고 백수 노릇을 하고 있을 때, 자신의 아버지를 통해 저를 베른의 특허국에 취직시켜 주었지요. 저는 특허국에 취직한 후, 경제적으로 정신적으로 안정된 상태에서 많은 연구를 할 수 있었어요. 또한 저는 베소와 많은 토론을 했는데, 그 친구 덕분에 특수 상대성 이론을 만들 결정적인 단서를 얻을 수 있었지요.

밀레바 마리치와 아인슈타인 부부

마지막으로는 여자 친구인데, 나중에 저의 부인이 된 사람이에요. 그녀의 이름은 밀레바 마리치인데, 뛰어난 실력을 가진 여성이었지요. 그녀와 저는 대학 다닐 때부터 가까운 사이였는데, 대학을 졸업하자마자 결혼을 했어요. 그녀는 1905년에 내가 특수 상대성 이론을 내놓을 때까지 어려운 기간 동안 친구로, 애인으로, 부인으로 저를 지켜 주었어요. 그녀에게는 늘 미안한 마음을 가지고 있어요. 제가 조금만 더 신경을 썼더라면 그녀는 마리 퀴리처럼 훌륭한 여성 과학자가 될 수 있었을 거예요.

역사상 가장 인기가 좋은 과학자, 아인슈타인

앨리스 아인슈타인 박사님께서는 1929년부터 세계적인 시사 전문지 〈타임〉지의 표지를 다섯 번이나 장식할 정도로 사람들에게 많은 사랑을 받으셨는데요. 박사님은 그 이유가 무엇이라고 생각하시나요?

아인슈타인 글쎄요. 나는 뭐 별나게 군 것이 없는데, 사람들이 나를 너무 위대한 인물로 만들어서 부담이 되기도 해요. 여기에는 언론의 역할이 컸던 것 같아요.

예를 들어, 1919년은 제1차 세계대전(1914~1918)이 끝난 직후였어요. 그때 영국의 과학자 아서 에딩턴이 일식이 일어날 때, 태양 뒤쪽에 있는 별에서 오는 빛이 휘어지는 것을 관측하여 제가 주장한 '일반 상대성 원리'가 옳다는 것을 증명했지요. 그런데 언론에서는 단순한 과학적인 행위를 마치 '평화의 상징'으로 대대적으로 보도했답니다. 왜냐하면 저는 독일 사람이고 에딩턴은 영국 사람인데, 독일과 영국은 당시 전쟁을 했던 적국 관계였거든요. 하여튼 언론인들은 대단한 것 같아요. 그 일로 저는 제 의도와는 상관없이 평화의 사도가 되었지요.

또, 당시 언론에서는 저의 상대성 이론을 이해하고 받아들이는 사람은 전 세계에 12명밖에 되지 않는다고, 속된 말로 뻥을 쳤어요. 그 때문

에 저는 위대한 천재 과학자가 되었고, 상대성 이론은 신비로운 과학으로 비쳐졌지요. 그런데 사실은 달랐어요. 당시에 실력이 쟁쟁했던 과학자들이 많았거든요. 플랑크, 로렌츠, 푸앵카레, 민코프스키 같은 과학자들은 상대성 이론을 충분히 이해하고 문제점을 찾아 나름대로 비판을 하기도 했어요. 언론에서 12명의 과학자밖에 알 수 없다고 한 것은 아마도 저를 다른 과학자들은 상상할 수도 없는 이론을 만든 사람으로 과장해 대중들에게 크게 부각시키려고 했던 의도에서 나온 것 같아요.

학문에 대한 대단한 자신감

앨리스 아인슈타인 박사님께서는 자신의 과학에 대해 대단한 자신감을 가지고 계시다고 하던데요. 예를 들면 다른 학자들이 쓴 책은 볼 내용이 없다고 보지도 않으신다고 들었어요.

아인슈타인 그 소문은 어느 정도 근거가 있어요. 왜냐하면 저는 저의 과학적 발견에 대해 특별한 자신감이 있거든요.

예를 들면, 1919년 에딩턴이 개기 일식이 일어날 때 태양의 중력에 의해 별빛이 휘어지는 것을 관측한 후, 일반 상대성 이론이 옳다는 것을 증명했었지요. 그때 나의 조수인 슈나이더가 일반 상대성 이론의 증명이 성공한 일을 축하하며 기뻐했는데, 저는 아주 당연히 여기며, "나는 그 이론이 이미 옳다는 것을 확신하고 있었다."라고 말했지요. 그러자 슈나이더가, 만약에 증명에 실패했다면 어떻게 했을 거냐고 묻더군요. 그래서 내가, "만약 측정 결과가 다르게 나온다면, 나는 신을 원망했을 것이다. 그래도 내 이론은 옳았다."라고 대꾸했지요. 이 말이 다른 사람에게 알려져 내가 지나치게 자신감에 차 있다는 말이 나돌게 되었어요.

그리고 막스 플랑크에게 미안한 일이 있었어요. 에딩턴이 관측을 할 동안 막스 플랑크는 잠도 자지 못하고 태양의 중력으로 빛이 정말 휘어지는지 관측 결과를 기다렸는데, 저는 그런 플랑크를 보고, "플랑크가 관성 질량과 중력 질량이 같은 것임을 설명하는 일반 상대성 이론을 제대로 이해했다면 나처럼 편안하게 잠을 잤을 것이다."라며 비웃었어요. 하지만 막스 플랑크도 저 못지않게 위대한 물리학자임은 분명해요.

제가 다른 사람이 쓴 책을 보지 않았다는 말은, 일본인으로 노벨 물리학상을 받은 유카와 히데키 박사가 내 연구소를 방문했을 때, 내 연구실의 책장에 책이 많이 있지 않은 것을 보고 소문을 낸 거예요. 사실 저는 일반 상대성 이론을 발표한 후 다른 사람이 쓴 책은 거의 보지 않았어요. 물론 학계의 연구 동향을 살피기 위해 최신 논문은 읽었지만 말이지요. 왜냐하면 다른 사람이 쓴 책에서 나에게 도움을 줄 만한 것들이 없었기 때문이에요. 그래서 내 논문에는 다른 사람의 연구 결과를 인용한 것이 거의 없어요. 따라서 제 논문은 항상 군더더기 없이 간결하고 짧았어요. 저는 스스로 '진리는 단순하다.'라

프린스턴의 아인슈타인 연구실. 실제로 책이 몇 권 보이지 않는다.

는 신념을 가지고 있었어요.

노벨상 상금을 이혼 위자료로 쓴 아인슈타인

앨리스 박사님께서는 상대성 이론으로 유명하신데, 노벨상은 다른 논문으로 받으셨다면서요? 그리고 받은 노벨상 상금은 어디에 쓰셨나요?

아인슈타인 맞아요. 나의 최대 업적은 특수 상대성 이론과 일반 상대성 이론인데, 실제로 노벨상을 받은 것은 '광양자설'에 관한 논문이었지요. 당시 노벨상 수상자를 선정했던 심사 위원들이 나의 상대성 이론이 너무 파격적이라고 생각했고, 또 증명되지 않는 이론에 대해서는 노벨상을 주지 않는 관례가 있었어요. 하지만 다행히 광전 효과를 설명하는 광양자설은 실험으로 증명이 되었고, 또 상대성 이론 못지않게 대단한 연구 결과였기 때문에 노벨상을 받게 되었어요.

제가 받은 노벨상 상금을 어디에 썼냐고 물었나요? 좀 부끄러운 대답이지만 그 상금은 이혼 위자료로 썼어요. 첫 번째 부인인 밀레바 마리치와 이혼을 하면서 노벨상 상금을 받으면 위자료로 준다고 약속했거든요. 좀더 좋은 일에 써야 하는데, 지금 생각하면 아쉽네요.

FBI로부터 감시를 받게 된 이유

앨리스 박사님께서는 한때 미국의 연방 수사 기관인 FBI의 감시를 받으셨다고 하던데, 그 이유는 무엇이었나요?

아인슈타인 FBI 사람들이 저를 오해했기 때문이지요. 참 할 일 없는 사람들인 것 같아요. 괜히 엉뚱한 데 돈과 시간을 낭비를 했으니 말이에요.

제가 그들의 감시를 받게 된 것은 동료 과학자를 보호하려다 오해를 받은 거예요.

당시 저는 원자력 과학자 비상 위원회 최고 위원직을 맡고 활동을 하던 중이었어요. 그런데 가까이 알고 지내던 물리학자인 줄리어스 로젠버그 부부가 공산주의자로 판명되어 사형 선고를 받았어요. 당시 미국에서는 반공주의가 아주 심했거든요. 그때 제가 다른 과학자들에게 그들을 살려내자는 호소문을 보내 로젠버그 부부 구명 운동에 적극적으로 앞장섰어요. 그랬더니 FBI에서 저를 위험한 공산주의자로 생각했나 봐요. 그 덕분에 한동안 FBI의 감시를 받느라고 고생 좀 했지요.

그러나 저는 공산주의자가 아니라 평화주의자예요. 제2차 세계대전이 일어났을 때는 연합군 편에 서서 전쟁을 빨리 끝내는 일에 도움을 주기도 했어요. 예를 들어 상대성 이론에 관한 논문을 경매에 부쳐 전쟁 기금으로 기부해 달라는 부탁을 받았을 때, 논문의 원본이 없어진 것을 알고 다시 논문을 써서, 그것을 500만 달러에 팔아 전쟁 기금을 만들어 주기도 했거든요. 그 논문은 지금 미국 워싱턴에 있는 국회 도서관에 잘 보관되어 있지요.

아인슈타인의 성품

앨리스 이제 인터뷰 시간이 얼마 남지 않았네요. 아인슈타인 박사님은 스스로 자신의 성품이 어떻다고 생각하세요? 박사님의 숨겨진 성품에 대해 알고 싶어요.

아인슈타인 자신의 성품을 스스로 평가하기란 쉬운 일이 아니지요. 그래도 앨리스 양이 부탁하니까 몇 가지만 말해보도록 하겠어요.

우선 저는 고집이 무척 세답니다. 대학에 다닐 때 저는 물리학자 맥스웰을 무척 존경했는데, 저의 지도 교수인 베버 교수는 맥스웰을 인정하지 않았어요. 그래서 저도 베버 교수를 인정하지 않기로 하고, 베버 교수를 교수라고 부르지 않고 대학 시절 내내 그냥 '베버 씨'라고 불렀어요. 그래서 베버 교수가 저를 미워하기도 했어요. 지금 생각하면 대단한 고집쟁이였지요.

하지만 이런 고집스러움 때문에 저의 과학이 탄생할 수 있었는지도 몰라요. 왜냐하면 저는 제가 생각한 문제는 끝까지 물고 늘어져 해결했으니까요. 실제로 특수 상대성 이론도 고등학교 시절부터 약 10년 동안 생각을 거듭하여 밝혀낸 이론이었어요. 또 나중에 모든 과학자들이 불가능하다고 한 '통일장 이론'에 대한 연구도 저의 고집 때문에 계속된 것이었지요. 결국에는 거듭된 실패로 나중에는 포기하고 말았지만 말이에요.

한편 저는 인간적인 정이 많은 사람이기도 했어요. 여동생 마야가 뇌졸중으로 쓰러진 후, 동생이 죽을 때까지 동생 병상을 지키며 매일 밤 그 아이가 좋아하는 책을 읽어주기도 했어요. 당시 저의 나이도 꽤 많았지만 말이에요.

아인슈타인의 조용한 최후

앨리스 박사님, 죄송한 질문이지만 돌아가실 무렵의 생활에 대해 말씀해 주세요.

아인슈타인 죄송하기는. 저는 사람의 죽음을 하나님이 주신 선물이라고 생각해요. 또 저는 제가 할 일을 다하고 죽었기 때문에 아무런 여한도 없는 행복한 죽음을 맞이했다고 생각해요.

저는 1935년부터 세상을 떠난 1955년까지 약 20년 동안 미국의 프린스턴 대학 근처에 있는 아주 작고 소박한 집에서 살았어요. 그 집은 제가 마지막으로 근무했던 고등과학연구소까지 걸어 다니기에 적당한 거리에 있었지요.

1955년 4월 3일 오후에 동맥류가 파열되었어요. 저는 죽음이 곧 닥칠 것을 예감했지만, 제 생명을 연장하기 위한 일을 하지 않고 조용히 죽음을 기다렸어요. 저는 죽음이란 결국 갚아야 할 빚이라고 생각했거

한가로운 휴식을 즐기고 있는 아인슈타인

든요. 그래서 곁에 있던 주치의에게 이렇게 말했어요. "나는 내 몫을 다했습니다. 이제 갈 시간이 되었습니다." 그러고는 눈을 감을 때까지 통일장 이론과 관련된 계산을 했지요. 그리고 다음날 새벽에 프린스턴 병원의 제 병실에서 잠을 자다가 조용히 숨을 거두었어요.

20세기의 인물로 선정된 아인슈타인

앨리스 어쩌면 행복한 죽음이기도 했네요. 이제 마지막 질문이에요. 박사님은 미국의 〈타임〉지가 선정한 20세기의 인물이 되셨는데, 소감이 어떠세요?

아인슈타인 제가 처칠이나 드골 같은 정치인, 또 피카소나 샤르트르 같은 위대한 인물을 제치고 20세기의 인물로 뽑힌 일은 무척 영광스러운 일이지요. 이 일로 볼 때 과학자가 인류에 미치는 영향력은 그 어떤 정치가나 예술가, 철학자가 미치는 영향력보다 크다는 것을 알 수 있어요. 사실 앞으로 우리 인류는 수많은 어려움을 극복해야 하는데, 그때마다 과학자들의 역할이 매우 중요하다고 생각해요. 따라서 21세기, 22세기의 인물도 과학자가 될 가능성이 매우 높다고 생각해요. 저와 같은 과학자가 많이 나와 우리 지구와 인류의 미래가 풍요롭고 행복하기를 하늘에서 빌겠어요.

앨리스 양과 함께 인터뷰를 하게 된 일은 무척 소중한 경험이었어요. 앨리스 양도 열심히 공부해서 훌륭한 과학자가 되길 바래요.

아인슈타인(Albert Einstein)의 일대기 연대표

1879년 3월 14일 독일 울름에서 출생.

1885년 뮌헨의 가톨릭 초급학교에 입학.

1889년 루이폴트 김나지움에 입학.

1895년 루이폴트 김나지움을 자퇴하고 가족들이 있는 이탈리아 밀라노로 감.

1896년 스위스 취리히 연방 공과대학에 입학.

1900년 취리히 연방 공과대학 졸업, 스위스 시민권 취득.

1903년 밀레바 마리치와 결혼.

1905년 광양자설, 브라운 운동의 이론, 특수 상대성 이론 발표.

1909년 취리히 주립대학의 교수가 됨.

1913년 베를린 대학 교수로 취임.

1916년 일반 상대성 이론 발표.

1918년 통일장 연구 시작.

1921년 광전 효과 연구로 노벨 물리학상 수상.

1933년 유대인 추방 정책으로 인해 독일을 떠나 미국으로 감.

1940년 미국 국적 취득.

1955년 프린스턴 병원에서 사망.

이상한 나라에서 만난 아인슈타인

지은이 • 손영운
그린이 • 정일문
펴낸이 • 조승식
펴낸곳 • 도서출판 이치 Ichi SCIENCE
등록 • 제9-128호
주소 • 142-877 서울시 강북구 라일락길 36
www.bookshill.com
E-mail • bookswin@unitel.co.kr
전화 • 02-994-0583
팩스 • 02-994-0073

2005년 7월 10일 1판 1쇄 발행
2008년 8월 1일 2판 1쇄 발행

값 9,800원
ISBN 978-89-91215-25-2
ISBN 978-89-91215-24-5 (세트)

* 잘못된 책은 구입하신 서점에서 바꿔 드립니다.

· 이 도서는 (주)도서출판 북스힐에서 기획하여 도서출판 이치사이언스에서 출판된 책으로 (주)도서출판 북스힐에서 공급합니다.
142-877 서울시 강북구 라일락길 36
전화 • 02-994-0071 팩스 • 02-994-0073